边走边画© 英谈古寨

走进太行古村落

PAINTING WHILE TRAVELING **YINGTAN ANCIENT VILLAGE**

THE ANCIENT VILLAGE TRAVELING IN TAIHANG MOUNTAIN

一面旗帜、一个团队、一个目标、一本书、一片痴心。
也许，面对浩如繁星的中国村落，我们的举动微乎其微，
但只要我们的行动哪怕触动一颗心，在这个传播飞速的时代，
也将撼动一大群人，而借由这一群人积累起来的乡愁将为
我们边走边画延续多少村落？虽然我们只是英谈的过客，
我们对英谈的了解还少之又少，但我们希望通过我们，
通过边走边画，让更多的人知道英谈、了解英谈，
从而和我们一样，热爱英谈。

主编｜夏克梁

图｜夏克梁 卢立保等 文｜韩卫东 夏克梁

U0380407

东南大学出版社
SOUTHEAST UNIVERSITY PRESS

·南京·

图书在版编目（CIP）数据

边走边画·英谈古寨：走进太行古村落 ／ 夏克梁主
编. —南京：东南大学出版社，2016.7
ISBN 978-7-5641-6597-0

Ⅰ.①边… Ⅱ.①夏… Ⅲ.①乡村－建筑画－作品集
－中国－现代 Ⅳ.① TU204

中国版本图书馆CIP数据核字（2016）第 145987 号

边走边画·英谈古寨——走进太行古村落

主　　　编	夏克梁
责任编辑	曹胜玫
出版发行	东南大学出版社
地　　　址	南京市四牌楼 2 号 （邮编：210096）
出 版 人	江建中
网　　　址	http://www.seupress.com
电子邮件	caoshengmei@163.com
经　　　销	全国各地新华书店
印　　　刷	南京精艺印刷有限公司

开　　　本	889mm ×1194 mm　1 ／ 16
印　　　张	9.25
字　　　数	237 千
版　　　次	2016 年 7 月第 1 版
印　　　次	2016 年 7 月第 1 次印刷
书　　　号	ISBN 978-7-5641-6597-0

印　　　数	1–4000
定　　　价	59.00 元

本社图书若有印装质量问题，请直接与营销部联系，电话：025-83791830

前言
PREFACE

　　从摩崖石刻到现在林林总总的各样绘画手段，图画在人类历史的长河中，充当着一个十分特殊的角色。它在人们懵懂的时候，教人认识纷繁复杂的世界；在人们有了自我认知的时候，给人记录世事特有的方法；在人们贫穷的时候，给人希望；在人们富庶的时候，给人动力。它，简单而又复杂。简单时，可以让整个世界变成一点一线；复杂时，一点一线则可幻化出神奇的魔力。

　　也就是从图画中，我们与这世界上不同时代、不同地域的人们进行着顺畅的交流与沟通；一定也是从图画中，后世的人们可以与我们一起在现时代的山川之中，悠然神游。

　　图画是最简单的语言，也是不分时代、不分国籍的通用语言。时光飞逝，当历史辗转，步入21世纪的时候，影像似乎在一定程度上承担了图画的功能。但是，即便如此，图画本身所具备的主观性仍将只能客观留影的影像抛开几条街，这也就是为什么图画非但没有消失，反而更加显现出它新的活力所在。

　　图画的主观性表现在不同的画者可以根据自己的想法与用途对客观物体进行解构与重组，经过解构与重组的客观事物在一定程度上已经成为一个新的事物，或者称为新的客观，具有了新的用途，也是一种"再生"。

　　图画的这种再生功能是它击败影像的法宝，也是它作为记事抒意方式的生命力所在，古往今来的众多画家，因为这种生命力而闻名遐迩，精神生命生生不息，借由他们"再生"的客观事物，同样得以永生。

　　村落是中华文化的个性载体，是中华文明的细胞，一直以来也是画家们户外写生最喜欢表现的题材。中国的村落都有史可循，但随着时代的演进，我们生活过、了解过、赞叹过的很多村落正渐渐消逝，它们要么荡然无存，要么面目全非，纷纷沦为"发展经济"这一借口的牺牲品。一个村庄的形成和发展动辄千年，但如果毁掉却只需一朝一夕，这种对文化的摧残令人痛惜。时光倒流50年，前车之鉴尤为清晰，我们却已经开始忘记曾经的心痛，开始新一轮的破村运动。这些脆弱的村落在时代洪流面前显得渺小而无助，只有我们一起站出来，集体捍卫它们，才可能让我们的子孙后代有"家"可回，有根可寻，才可能让我们的传统文化有一些完整承载的容器。2015年，一群富有理想与情怀的画者，希求用他们的画笔，以图画的形式记录散落在全国各地的古老村落，再生出一个个生机勃勃的古村古寨，以此呼唤人们去关注古村、保护古寨。

　　这群画者，组建了名为"边走边画"的团队，他们行走驻足的第一站，是河北省邢台市太行山区的英谈古寨。

　　这本书，记录的就是这群画者与这个山寨的故事。这本书，是一本有关画画的书，更是一本有关古寨再生的书。这本书，写给爱画画、爱古寨、爱旅游的人们。

目录
CONTENTS

我们的团队
OUR TEAMWORK

边走边画是由夏克梁发起组织的一个自助式绘画团队，该团队自 2015 年开始每年择村寨集，定期定点定主题地开展写生创作与古民居保护性宣传。团队由夏克梁亲自带队，每队成员约 15 人，均由有一定绘画功底、有建筑或景观设计背景、有古民居发掘规划保护责任与担当的在职人士构成，旨在宣传中华优秀古民居建筑艺术、切磋交流钢笔风景速写与马克笔绘画创作，唤起社会关注保护古民居意识。

首期边走边画——走进太行古村落的团队成员共 14+1 人，他们大多数是从事建筑或景观设计公司的设计师及艺术总监，另外还有在高校从事艺术教学的青年教师，他们除了热爱绘画，还对古民居建筑有着浓厚的兴趣。

夏克梁（导师）：中国美术学院副教授，中国美术家协会会员
韩卫东：西安建筑科技大学艺术学院摄影教研室教师，陕西广播电视台编导
卢立保：上海原朴文化传播公司设计总监
李宝峰：风景园林高级工程师，广州市山川园景设计工程有限公司执行董事 / 设计总监
夏国元：高级工程师，杭州夏氏建筑景观设计有限公司总经理
陈银兆：工程师，注册高级室内建筑师，青蓝装饰设计创始人
黄海鹏：青蓝装饰设计（芜湖）公司总经理
王玮璐：湖南工业职业技术学院教师
刁晓峰：重庆交通大学环境艺术教研室教师
石伟达：注册高级室内建筑师、中书室内设计创始人
唐　靖：杭州壹艺装饰文化创意有限公司总经理
王　恬：常州大学怀德学院教师
何湘虹：苏州亿城景装饰工程有限公司设计总监、杭州沣谷装饰创始人
林婕妤：全国连锁木林教育集团执行董事兼任美术教学团队负责人

1　边走边画首期全家福（自左到右）
前排：林婕妤　何湘虹　后排：韩卫东　黄海鹏　陈银兆　王玮璐　夏国元　石伟达　卢　瀚　卢立保　夏克梁　唐　靖　王　恬　刁晓峰　李宝峰
2　夏克梁与边走边画的部分成员

走边画首期团队写生掠影

古寨依山而建，地理位置得天独厚 | 夏克梁

一、英谈概况
General introduction to Yingtan

1. 英谈的历史、地理及人文

有关英谈的记述在如今的互联网上可以查到很多，对于边走边画的这群设计师而言，到英谈实地走访，可以说是一次古建及景观设计的朝圣之旅。

这个村子有据可考的历史可以追溯到唐朝末年，据载黄巢起义军的一支曾在这里安营扎寨，此地因此被邻近的人们称为营盘。黄巢的部队撤走之后营盘之名被传了下来，但随着时间的推移，没有了部队，营盘这个名字就不好领会了，且口口相传，难免有误，最后落到纸上，却成了英谈这两个字。这种说法似乎有些道理，因为英谈是一座像城堡一样的村落，若不是以"营盘"为目的精心修造，深山之中断不可能没头没脑地有这么一个唤作"英谈"的城池。

比较确切的记录已经是明朝永乐年间，据载其间有路姓的山西人举家迁到这里，从此英谈开始兴盛起来。有三点可以佐证此说：一是据载永乐年间"奉旨"迁居，那么这应当是政府行为了。二是当地仍有路姓后裔。三是这座山寨背后翻过山梁就到了山西，在当时那种动荡的年代，晋翼交界之地人口迁移是寻常之事；何况这座山寨依山傍水、物产丰厚、宜林宜耕，还真是一个绝好的地方，再者早年军队留下的城垣式的村寨建筑，在预匪防盗诸方面更是得天独厚。

英谈古寨示意图
Sketch map of Yingtan ancient village

普通民居

寨中山之云运输工具
"拖拉机"

后英谈

北寨门

一脑神案

小石楼
(寨内最古老的建筑)

贵和堂

贵和桥

东寨门
(古寨山主入口)

依山而建山民居建筑

河流

千年古井

河流

西寨门

南寨门

普通民居

古寨山小路
可使用摩托车

河流

房车可到达古寨
停车场

普通民居

古寨停车场

停车场边上山建筑

前英谈寨门

桥

前往邢台市

河流

自驾前往古寨

寨中的古桥

路边的民居

面包车是前往英谈古寨
的最常见交通工具

往外界的公路

英谈古寨手绘

示意图 | 夏克梁

现在的英谈属于邢台县一个叫路罗的镇子所管辖，是太行山区的一个自然村，高速公路距离村子有 20 多公里的路程，全村有 200 多户人家，600 多口人。跟中国绝大多数的农村一样，年轻人都到城里打工去了，村里只留下老人和小孩。好在祖先留下的这座古寨，如今远近闻名，成了旅游的名胜之地。来来往往的游客，让这个村子显得富有生气。留守山村里的老人和小孩，不仅不显寂寞，旅游旺季，还可以靠山吃山地做些买卖，挣些零花钱。

英谈村不大，上百幢房子自南向北依着山势铺排在巍巍太行的山坡上。在茂盛林木的绿树掩映下，太行山区特有的红赭色石头建成的房子格外醒目，加上依着山势错落而建，的确让人觉得惊奇。谁能想到，在太行山深处，还有这么精妙的一座山寨存留？！在人们的印象当中，太行山区就意味着山大沟深，人烟稀少，土地贫瘠，谁能想到，这里竟有一片生机盎然的绿洲？！

英谈是太行山区村寨文化的代表，无论是在建筑的风格还是风土人情方面，都具有宝贵的研究价值，尤其是该村路姓人家遗存的家学家风更成为人文盛景。英谈村现存的主体建筑多为明清时期所建，所以，这里也成为研究明清山区古寨规划建设的胜地。

1　2

1　太行山，孕育了英谈人民自强不息、团结务实的精神｜唐靖
2　英谈古寨全景图｜夏克梁

2. 英谈古寨的特点

（1）外界眼中的石头村

在英谈，石头就是一切，石头是这座寨子的特色。放眼望去，英谈就是一个石头的世界，这是石头赋予英谈的恩惠，世人也赋予石头的壮美。地面、墙面、屋面，就连生活当中的一些器物也都由石头筑成，如若不是石头，这里怎能完美如此？所以，在外界看来英谈可以说是一个地地道道的石头村，整个古寨无不与石头有关，述说着石头的故事。

<table>
<tr><td rowspan="2">1</td><td>2</td></tr>
<tr><td>3</td></tr>
</table>

1 古寨依山而建，地理位置得天独厚 | 夏克梁
2 英谈所有的建筑物几乎都是用石头垒砌而成，图中所展现的是一间已废弃的石屋 | 夏克梁
3 石块砌成的花坛 | 夏克梁

石材

中国传统的建筑材料当中，石材是较为稀少的一类，一般只用做屋子的基础。但是英谈人靠山吃山，奢侈地用石头来构筑一切，用一种质朴的智慧，在那个技术匮乏、设备落后的时代，将石头用到一种境界，这确实令人敬仰、叹为观止。

英谈的石材，主要的无外乎三类：一类是石板，一类可笼统地称为石块，再一类就是石条，或者叫条石。石板属于英谈特产，也或者是太行山的特产，在地质学上，这些归为页岩了吧。

石头表现技巧

石头可以说是英谈建筑最基本的构成元素，到英谈写生也必须要先学会怎样画石头。英谈的石头多为经过修整的建筑材料，也称为石材。石材的外轮廓特征相对方正、明显，用笔时要求做到果断和有力，高度概括地画出它的结构分割线。体块感是石头的重要特征，表现时应紧紧围绕如何表现石头的立体感来进行。亮面（包括高光）、灰面、明暗交界面、暗面（包括反光）、投影是一块石头的基本明暗关系，也是表现石头立体感的法器。不管何种石头，不管石头的形态多么复杂，甚至于小型的构筑物和建筑，我们只要掌握明暗塑造物体的基本原理、明暗对比越强烈立体感就越强的基本规律，就不难画出石头、构筑物和建筑的立体感。

1	4	
2		5
3	6	

1　石板片麻岩 | 夏克梁
2　石条 | 夏克梁
3　石块 | 夏克梁
4　石板还可以制作成护栏 | 夏克梁
5　石板可以作为操作台的台面或小型建筑物的顶面 | 夏克梁
6　石板也可以作为屋前屋后小型花坛的围栏 | 何湘虹

英谈的石板，大的可做炕面，小的可做案板，可以铺地面，可以筑河道，可以做瓦片，也可以做围栏、鸡圈、猪栏，用途竟是最多的。但无论大小，石板厚度出奇地一致，都在5～8厘米。这样厚度的石材，直立使用显然不便，就以平铺为主，做石桌石凳自然最好不过。英谈人用得最多的是做瓦片，其厚度适宜，夏季可遮酷热，冬天可挡严寒，应当算是建材中的佳品，而用来铺设街巷乃至于院落中的地面，也可以说是得天独厚。

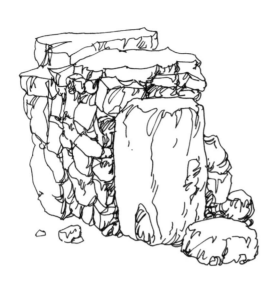

石块是大小不一的毛石，是砌墙的最佳材料。寨墙与民居中的各种墙面，都是石块的杰作。如果工匠手艺高超，用它们砌成石墙，不仅内外平整，还可以密不透风。当然，英谈显然不缺少这样的砌墙高手，很多古老的民居，看不出使用任何的黏结材料，依然可以屹立百年。

2015.8.16

1	2	
3		4

1　石块是建筑的最佳材料｜夏克梁

2　石块砌成墙体｜夏克梁

3　石块砌成的护墙｜夏克梁

4　石块砌成的灶台｜夏克梁

石条，或称条石，虽然常见，但是石头建材中价格较高的一种，大多用来做基础或者构筑石台。在很多大型建筑的施工过程中，石条被当做放大了很多倍的土坯或者砖头来使用，而普通民居中能够用到石条的一定是大户人家。英谈人当然知道石条在建筑中的作用和地位，但除了房屋基础之外，他们把石条的使用发展到近乎浪费的程度。街道上的台阶、各家的房檐石级、公共的堤坝高台，几乎全部都使用石条。这些石条，长的有 2 米开外，短的也有 1 米多长，厚度 20 多厘米，宽度 40 ～ 50 厘米不等。片石是太行山的特产，容易开采；石块则大小不一，规格上不用强求；唯有石条，在中国建筑材料中有相应的定规形制，属于石匠们的精心杰作。英谈作为一处村寨而广泛使用石条，足见建设者的精心和对家乡的挚爱。

石头也是有感情的，当这些感情堆砌起来，成为一座村寨的时候，它感动的不仅仅是这里的居民，到过这里的所有人都会被其所震撼。更何况，在英谈，这种情感早已经氤氲了数百年。

龟背石

英谈到处是石头，对于这座因石头出名的古寨来说，石头应当算是平常之物，见怪不怪，不值得大书特书，但是有一种石头，却非说不可，那就是龟背石。

1	2
	3

1　在英谈，石条运用在普通民居建筑中并不稀奇 ｜ 夏克梁
2　寨内的主要巷道相对平缓，能通行拖拉机、板车和摩托车，拖拉机是寨内运输石材的主要工具 ｜ 林婕妤
3　有时，甚至将石条运用在花坛等构筑物上 ｜ 夏克梁

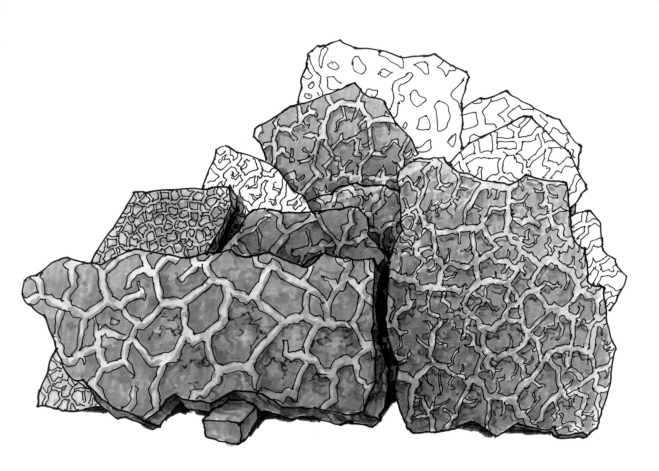

龟背石的奇妙之处在于在它红色的砂岩面上，青筋一样地突起交错的纹路，且十分清晰，颜色与石板底色截然不同。纹路有粗有细，粗的如胳膊一般，细的则如手指，但不论粗细，这些纹路都极不工整，有一种随机的美感。

龟背石，学名叫"泥裂石"，是两种质地截然不同的岩石伴生，在基层风化之后形成的。在英谈，这种石头以石板的形式存在，而且石头还分阴阳两面，一面纹路凹陷，一面纹路凸起，说是奇石，一点也不为过。现在一些英谈人家仍视这些石头如珍宝，遍山寻宝，采来以后出售，据说价格相当高。

1　龟背石，学名叫做"泥裂石"，是英谈的主要"特产" | 夏克梁
2　大自然赋予龟背石青筋一般的纹理，让我们感受到自然界的力量是多么的神奇
3　为了更好地保护古井，当地的寨民为其筑起了专门的空间 | 夏克梁
4　不同形态的古井 | 夏克梁

石井

英谈古寨虽然依山靠水，但居民并不饮用寨子里的河水，一般山里人家临泉而居，这座古寨也是如此。寨子上下，有多处泉眼，村民们为了保护泉源，用石头砌井，在井上盖房。所以，泉眼也就以井的形式存在，又因为井台、井房都由石头砌筑，因而也被称为石井。

水是村寨的命脉，尤其对于一座地处深山的寨子来说。英谈之所以能延续数百年，除了归功于这里坚固的石质房子外，村里的石井也功不可没。而令人称奇的是，这些石井自建寨以来，雨天不溢，旱天不枯，堪称神泉。当地人对石井百般呵护，除了因为水可养人的基本功用之外，泉水不盈不亏的神奇也使他们将之奉若神明。

石碾、石磨、石臼

农耕文明在这座深山古寨中有着明显的表现。英谈虽地处深山，却有着可耕之地、果腹之粮，因此也应当算是一座农耕文化占主体的村寨，这从遍布村子的公用生活用具中就可以一探究竟。在中国，石碾、石磨是农耕文明的显性代表，粮食谷物的粗细加工，都跟它们有关。在英谈，这样的石碾、石磨有多处，都是专门设置，全寨共用。在一个血缘单一、宗族相近的古寨当中，这是极为平常的场景了。

1	3	5	
	4	6	7
2			8

1，8　石磨 | 夏克梁
2　英谈的石碾到处可见 | 何湘虹
3，4　石碾 | 夏克梁
5　屋旁废弃的石碾，之前多为寨民共用 | 夏克梁
6　废弃的磨盘可作为建筑物的材料 | 夏克梁
7　废弃的磨盘 | 夏克梁

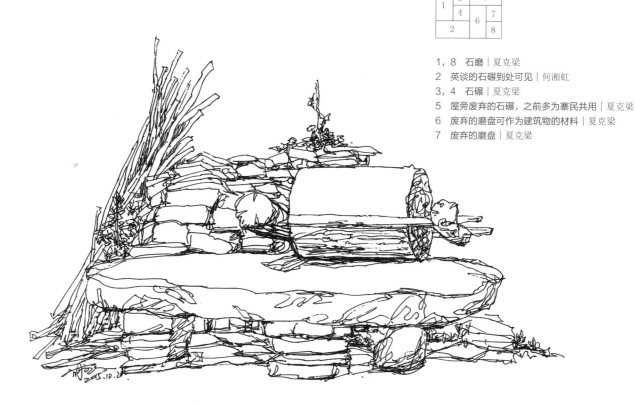

与石碾、石磨相比，石臼则要简单和粗糙很多，当然也就更私人一些，甚至家家户户都可以自备，共用亦可，随意性强。一些简单的食品加工通过它就可以完成。北方的石臼最主要的功能就是舂米和打糍粑，英谈人对于石臼的使用，应该也不过如此吧！

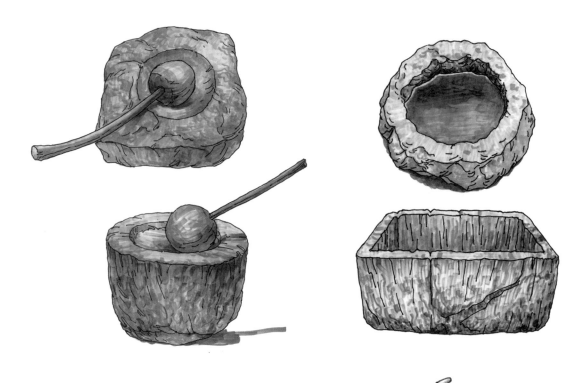

石缸

英谈人家用石头可以创造一切用品，而且在这个石头寨子里从不缺乏巧手的石匠，所以大到房子小到生活用品，石头始终是主角。在过去用水需要肩挑手提的时候，家家都要备一口大缸，而这口缸在英谈也是石头的。即使今天村里通了自来水，这些石缸仍然发挥着作用，成为每家自来水龙头下的一种常规配置。

石缸等单体元素表现技巧

写生的练习如同设计手绘的学习步骤，也是从简单到复杂，由单体、小景（局部）到全景（整体）的过程。掌握好单体的塑造和表现，有助于小景的深入和刻画以及对全景的驾驭和把握。英谈写生可以从石头器物开始，石缸是各器物中造型最朴实的一种，简单理解便是在方形或鼓形的体块上凿出一个凹槽。所以在表现石缸的时候可以先将其理解成一个完整的石块，在此基础上，再画出凹槽的空间感（根据方块的明暗原理）。掌握了石缸的塑造方法，其他的单体以同样的方法去理解和表现，也就显得不难了。

石龛

信奉祖宗不信神，这是当地人说的英谈怪事。实际上，也不能算有多怪，像在英谈这样的山沟里，有困难找族人去帮忙解决远比求神保佑要方便得多。所以，英谈的几个堂口格外受村民景仰。相反，在别的山寨里依例修建的一众庙宇，在英谈反倒找不到踪迹。这里没有关帝庙，没有山神河神庙，没有佛寺，亦无道观，真正做到了以人为本的最纯真的实践，实属难得。

但是在村里，依然有一些人家专门修造了神龛，有的在廊檐下，有的在院落当中。这些神龛供奉的到底是谁呢？我们团队走访英谈的时间是在初秋，于年节庆典来说，正是"青黄不接"时。佛龛当中，没有塑像，两侧的对联也已经破旧，但多数有"国泰民安""幸福吉祥"等字样。看来，供奉的像是北方农村崇敬的财神、灶王爷等。从这一点上可见，英谈人真的是"大事不含糊，求助各堂主，人神各有责，和谐共相处"。在长时间的发展变革中，英谈人能做到这一点，实属难得。

2015.8.21

无论供奉何方神明，英谈人家的石龛都很醒目。和房屋一样，这些石龛也是石头做的，而且几乎都能做到小巧别致。一般是在墙上伸出长的石板做底，类似房屋檐头的挑梁，然后依托屋子的墙体再修建龛墙，最后加上合适的石板做龛顶，这样就在屋墙上挑空做出一个石龛。它与房子以及相邻的门窗比例得当，造型相近，显得庄重又不失质朴，醒目又绝不突兀，足见主人的良苦用心。

1	2	4
3	5	

1　石臼是英谈寨民较为常用的生活器物，其造型与使用方法与南方地区有较大的区别｜夏克梁
2　造型不同、大小不一的石缸（石槽）｜夏克梁
3　废弃的石缸可改装成自来水龙头下的水槽｜夏克梁
4　英谈人家的石龛，依附在墙体上，像一个挑空的盒子｜石伟达
5　没有塑像，只供奉图片的石龛｜夏克梁

1	4
2	
3	5

1　院中的石桌 ｜ 夏克梁
2，3　门口的石板凳 ｜ 夏克梁
4　石凳
5　石阶上用磨盘制作成的石凳 ｜ 夏克梁

石桌、石凳

在英谈每家每户的门口和院子还有一个休闲的功能,一般人家都会在这些地方设置石凳石桌。这些石头是英谈的特产,不花钱又实用。农闲时候一家人围坐在一起,喝茶聊天,倒也自在。这些石桌非常简单,往往是一块平整一点的石板,底下垫三两块毛石。桌面长度不足1米,高五六十厘米,形状各异,圆的方的都有。一般石桌只摆放在院子里,配上几只小马扎就可以喝茶吃饭。家门口则有一些形制更小的"石板",一般是长方形,二三十厘米宽,长短不一,它们充当着凳子的功能,邻里乡亲坐在这里可以说说话。只可惜现在的英谈年轻人都去山外务工,村里家家都只剩老人和孩子,这样举家休闲的机会就不多了。石桌石凳虽然还在,但只有老人们凑在这里聊天说笑,借以打发时光。

石头材质表现技巧

质感是物体材质的表面肌理,英谈写生离不开石头质感的表现,石头质感的表现同样有一定的方法和技巧。以石桌、石凳为例,首先要勾画出石桌或石凳的形体结构特征,其次是用色彩区分体块的明暗大关系,再者就是如何表现它的质感,这也是最为关键的一步。因石材表面相对粗糙,形成凹凸不平的明暗变化,因此需要在大色块的基础上用较干枯的旧笔、略深的颜色采用顿挫的方法适当画出一些纹理,这样,所表现的石头质感不但显得真实而且会很自然。

石锁

石锁是北方山区常见的健身器材，据传最初是军队日常训练的器械，后来辗转到了民间，与中国武术紧密关联起来，用来锻炼臂力。英谈人深居山中，日常劳作之余，强身健体自然就想到这种石头家什。石锁虽然外表粗笨，却有着非常精准的重量，从几斤到几十斤不等。英谈盛产石头，又多石匠，家里备上个把石锁是常事。所以，虽然现在石锁已经少有人用，但倒是挺多见，用来顶门拴狗，也可以说物尽其用。

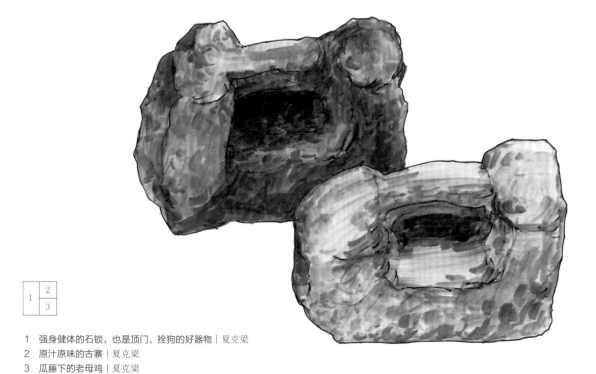

| 1 | 2 |
| | 3 |

1 强身健体的石锁，也是顶门、拴狗的好器物 | 夏克梁
2 原汁原味的古寨 | 夏克梁
3 瓜藤下的老母鸡 | 夏克梁

（2）原汁原味的古村落

英谈的美，不仅仅在于它的历史、它的建筑，还在于这是一座有生命力的古寨。也就是说，数百年来这座石头村寨虽然远居深山，却能够仰仗农商延续至今，这在太行深处应当算是一个奇迹。

英谈是一个质朴的历史存留，是路姓人家经过辛苦的经营给巍巍太行山上镶嵌的一颗明珠。难能可贵的是，这里现在依然古风犹存，路姓后人仍然在这里繁衍生息，使得这里依旧沿袭着古风古韵的恬淡生活，散发出勃勃生机，成为一座有生命力的古寨。

坐落在山里的村落，无论怎样地注重文化，生活所需的各样物品都不能少。英谈寨民生活中的各样物件都可以取自深山，既方便又省心。这些或大或小、或整齐或零乱的物件，已成为英谈古寨鲜活的另一面。

	2	
1	3	4

1 寨民们过着古朴恬淡的生活 | 夏克梁

2 一个废弃的蜂厢，被塞满了各种各样的生活物品，反映出寨民对生活的热爱 | 夏克梁

3 墙头垂挂的丝瓜，生意盎然，也蕴含着古寨的活力 | 李宝峰

4 随处可见的小物件或构筑物，反映了寨民的真实生活 | 夏克梁

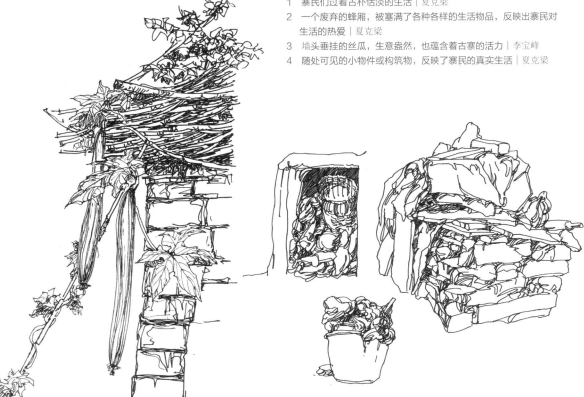

藤编篮子

太行山藤萝遍布，当地人对于藤萝的利用可谓源远流长，将其编织成精致的笼筐、提篮等生活传统手工制品。每年冬天，他们会从山里采回藤条，利用农闲时间编织这些物件，用来当做农具或者家居用品。这些笼筐篮子大小不一，但都十分精致，即便因年代久远、风吹雨淋、破败不堪而被遗弃在墙角檐头，但对一座古寨来说恰好成为难以复制的风景。

藤筐（篮子）表现技巧

英谈古寨的家家户户几乎都有藤编制的筐子或是竹子编制的背篓和篮子，它们是生活中不可或缺的器物。作为写生中的场景，藤筐、篮子等物体的添加，会使画面显得更具生活气息。这类物体的结构尽管相对比较复杂却很有规律，表现时需抓住物体的大致结构，然后做适当的虚实处理，无需表现得面面俱到。实际也不宜画得面面俱到，画得过多或过于全面，会使表现的藤筐、竹篓呆板而不生动。

	2	3	4
1	5	6	7
		8	9

1　门口的大箩筐 | 夏克梁

2，3　藤编提篮 | 夏克梁

4，5　藤编箩筐 | 夏克梁

6，7　藤编背篓 | 夏克梁

8　藤编箩筐 | 夏克梁

9　藤编背篓 | 夏克梁

柴堆

英谈地处深山，这里宜林宜耕，木头自然不少，但是能够用来建房造屋的木材却不多，有限的木材在英谈被用来做门做窗做梁做柱。除此之外，英谈的木头多用来烧火做饭，这应当是另外一种靠山吃山了吧。

英谈当地的山林多为果木林或者成材不好的杂木，烧火做饭用它们的枝枝杈杈就已经足够了。作为柴禾的木头，在英谈家家户户堆得到处都是，这些是英谈古寨"活着"的有力佐证。

大一些的木头被人们作为劈柴，材劈好了以后，整齐地码放在房前屋后。而小一些的树枝树杈则被捆成一束一束地，倚墙立着或者干脆架到屋顶或者墙头。这些是极具生活化的场景，生动自然，当然，这些本身也是古寨生活最为贴切的陪衬，是任由哪个设计师也设计不出来的真实。

| 1 | 3 |
| 2 | 4 |

1 叠放整齐的木材（柴）
  （组图）| 夏克梁

2 寨中随处可见的柴禾
  （组图）| 夏克梁

3 木柴是家家户户不可或缺的烧火
  原材料 | 夏克梁

4 门前、院内、屋旁，处处能见到
  烧火的木柴 | 夏克梁

柴堆表现技巧

英谈古寨的村民，未受到太多现代生活方式的冲击，大多还沿用传统的灶台做饭烧菜，木柴便成为不可缺少的烧火材料。古寨的屋前屋后到处可见堆砌的木柴，有的堆砌得整齐有序，也有的任意叠放、杂乱无章。

表现堆放整齐的柴堆时，要注意表现它的体块大关系。所谓的表现体块大关系，便是两个大块面之间需要有对比，即亮面始终保持一定的"亮度"，暗面相对较"暗"。"暗"可通过"内容"较多、较丰富来获得，暗面中加强界面转折处的处理是重点。

表现杂乱的柴堆时需要主观地去梳理和表达。一是加强线条（单元木柴等）的次序性，二是注意线条组织的疏密对比关系。

可见，不论是多么复杂的物体，只要用整体的眼光去分析理解，把握物体的大关系，并注意其次序性，所表现的画面就会显得完整，且具有体积和空间感。

1　叠放有序的柴禾｜夏克梁
2　柴禾是英谈"活着"的有力佐证｜刁晓峰
3　在英谈堆满柴禾的院子到处可见｜刁晓峰
4　捆绑的柴禾｜夏克梁
5　古树旁的柴禾｜夏克梁

不是所有建房修屋之外的木头都被当做柴禾，木头自然还有木头的妙用。比如，有些木头做成栅栏的形状用来圈猪圈鸡，或者扎成篱笆的样子用来种菜养花。经由英谈人简单的制作，这些篱笆栅栏就有了生动的画意。

鸡笼

鸡笼是山村居民最美的配景，是现代建筑早已摒弃的设计元素，而在英谈绝美的人居中，鸡笼狗窝、猪圈牛棚，恰恰成为彰显古寨风情的最直接的注解。晨起鸡鸣，静夜狗叫，这是现代社会稀缺的生活画卷。到古寨旅游，人们需要寻找的除了消失的历史，就剩下这些沿袭千年的生活场景了。

1　用树枝和木条围合成的栅栏｜陈银兆
2　废弃的屋中堆满了柴禾等物品｜刁晓峰
3　庞大的树墩还可以做成花樽｜刁晓峰
4　石头矮墙与柴禾是绝佳的搭配｜夏克梁
5　鸡笼是彰显古寨风情的最直接注解｜夏克梁

| 1 | 3 |
| 2 | 4 |

1 鸡笼也是画家眼中最美丽的一道风景｜夏克梁

2 鸡笼是现代社会稀缺的生活画卷｜夏克梁

3 古寨鸡笼的形态丰富多样、古朴自然｜夏克梁

4 柜子状的鸡笼在寨中并不多见，反映出主人对
   生活细节的讲究｜夏克梁

<table>
<tr><td rowspan="2">1</td><td>2</td></tr>
<tr><td>3</td></tr>
</table>

1　在古寨，偶尔也能看到一些铁质网格鸡笼，这种鸡笼采用最便捷的制笼方法，不仅
　　显得精致，而且也容易与环境融合｜夏克梁

2　猪圈周边的农作物或藤蔓将其紧紧包围，此时的猪圈显得非常生态｜夏克梁

3　猪圈一般设在房屋边上或一侧的空地上，用石头砌筑的墙和木质栅栏围合｜夏克梁

猪圈

猪圈一般位于英谈人家房屋一侧的空地上，因为是家族养殖，所以占地面积都不大。猪圈一般用石头砌筑的墙和木质的栅栏围合而成，有的旁边种树用于遮阴。讲究一点儿的人家用石板将整个猪圈铺设得平平整整，便于打扫，所以即便是在院落里或者离家很近的地方也闻不到臊臭的气味，不会影响村民的生活。作为建筑的一部分，猪圈倒也为古寨的整体景致增加了错落感，和高大的民居搭配起来有一种和谐的美。

1	
2	3

1 用略带明暗的方式表现猪圈，关键在于如何区分各体块之间的大关系｜夏克梁
2 空地上的猪圈，有时也跟菜地、鸡笼等结合在一起｜陈银兆
3 猪圈如同鸡笼，同样也是画家们乐于表现的题材｜林婕妤

3. 英谈的旅游资源

英谈古寨如今的模样仍保持它的原始、质朴与生动，这是古寨的价值所在。也正因为如此，英谈才迎合了时下古村落旅游的要义，如今每年都能够吸引一大批的游客来领略古寨风貌，感悟历史沧桑。英谈的旅游资源可以简单地归纳为：一"色"、二"村"、三"支"、四"堂"。

（1）一"色"

英谈给人的直接印象便是一个红色的村寨，因为所有的建筑都是由红色的石头垒砌而成，这是英谈红色显性的一面。英谈恰好位于太行山北部红砂岩集中的区域，这里的岩石经过漫长的地质时代沉淀而成，结构稳定，具有防潮降噪的作用，而且经现代科技手段检测，这类红砂岩不含任何放射性元素，可以说是非常好的建筑材料。英谈人家的房屋都由这类红色的岩石砌成，远远望去，在绿色山林陪衬下，红色的村落异常耀眼别致，到了秋天，则与太行山区整片的红色树叶相映生辉，形成鲜红的色调，不禁让人叫绝。

红色的英谈还有隐性的一面，即英谈曾经是革命根据地。英谈村寨的建筑集中、布局得当，在抗日战争时期，这里曾经被当时的河北省政府主席鹿钟麟征用，做政府衙门。而后八路军进驻英谈，邓小平、刘伯承、彭德怀、左权等八路军的将领们都在英谈驻扎过，汝霖堂、贵和堂、中和堂都有伟人们的旧居留存。他们曾经在这里休养生息、运筹帷幄，而那座"奇石居"的院落里，据说曾经还设有白求恩大夫的手术室。由此可见，这座由红色石头建起来的古寨，在中国革命斗争时期，真真正正地起到了红色根据地的作用，为新中国的建立立下过汗马功劳。如今的英谈也是一处爱国主义教育基地，有很多游客慕名而来。

作为红色根据地的英谈，如今留存有不少遗址，如当年八路军的被服厂、兵工厂以及八路军总部办公场所现在都被原样保留。这座曾经有着久远历史的古寨，因为在抗日战争中的特殊贡献更显神秘而伟大、精妙而具体。

英谈在抗日战争中的另一个作用更让它意义非凡。这里曾经是中国人民银行前身之一的翼南银行的总部所在地，曾经的印钞厂以及翼南银行货币发行处就设在村子最北面的高崖上以及中和堂的一处院落里。也就是说，曾经的英谈还是抗战时期的金融中心，护持过当时解放区的经济命脉。

色调表现技巧

色调给人以第一视觉印象，一张色彩丰富又协调的画面，总是能够打动人和感染人。用马克笔写生时，用到更多的是灰色，而并非纯度较高的原色。面对一个场景，首先要确定好它的色调，然后再找出相应色系的马克笔。表现时不应把画面的颜色画得过于单一，除了同类色，还要适当地添加较弱的对比色。比如画"红色"英谈，在画面大面积土红色的基础上，部分亮面可以较浅的土黄或黄灰色为主，暗面以略深的咖啡色或暖灰色为主，在天空或窗户的玻璃反光部位则可添加较浅的冷灰色。反之亦然。这样表现出的画面不但色彩统一，而且富有变化。

| 1 | 3 |
| 2 | 4 |

1 原始、质朴的英谈古寨｜夏克梁
2 古寨一角｜夏克梁
3 冀南银行入口｜夏克梁
4 红色英谈｜夏克梁

（2）二"村"

到英谈旅游主要看的就是古寨。英谈古寨实际上由两部分构成，过去这两部分各是一个村子，一个叫前庄（即前英谈），一个叫后庄（即后英谈）。从村名可以看出两个村子建设的先后，正是这两个村子构成了英谈。

前庄较小，一共有14座院落；后庄则依着山势、铺排在山坡上，现在留存的院落有60多座，成为英谈古寨的主体部分。可以说，后庄是英谈路姓人家发展的结果，树大分枝，经过几百年的生息繁衍，前庄显然不够英谈路家使用，后庄的诞生自然而然。

一条城墙将前英谈、后英谈围绕起来，从而造就了一座山寨，一座路姓人家世代生息的深山福地。

| 1 | 3 |
| 2 | 4 |

1　前庄和后庄构成了现在的英谈
　　古寨｜卢立保
2　后英谈｜卢立保
3　前英谈｜夏克梁
4　太行深处的英谈人家｜夏克梁

美工笔表现技巧

钢笔速写常以签字笔和美工笔为工具，两者的线条语言具有较大的差异性。但无论采用哪一类工具，都需要对其特点有较深刻的认识，才能更好地驾驭和把握。美工笔相比签字笔，一是能画出具有粗细变化的线条，二是能画出较为粗犷的线条。美工笔写生时，可以运用顿笔、折笔的方法将每一根线条和笔触深深地烙在纸面上，使表现的线条不但具有粗细变化，还给人以刚健挺拔、浑厚质朴之感，彰显美工笔独有的语言个性。也可以充分利用美工笔自身的特点，以线面结合的形式表现物象，赋予钢笔画全新的视觉感受，让人体会到具有木刻版画般的视觉效果，体现出力量之美，富于观感而令人回味。

1	3
2	

1　英谈的院子｜卢立保
2　英谈的巷道｜卢立保
3　英谈的建筑｜卢立保

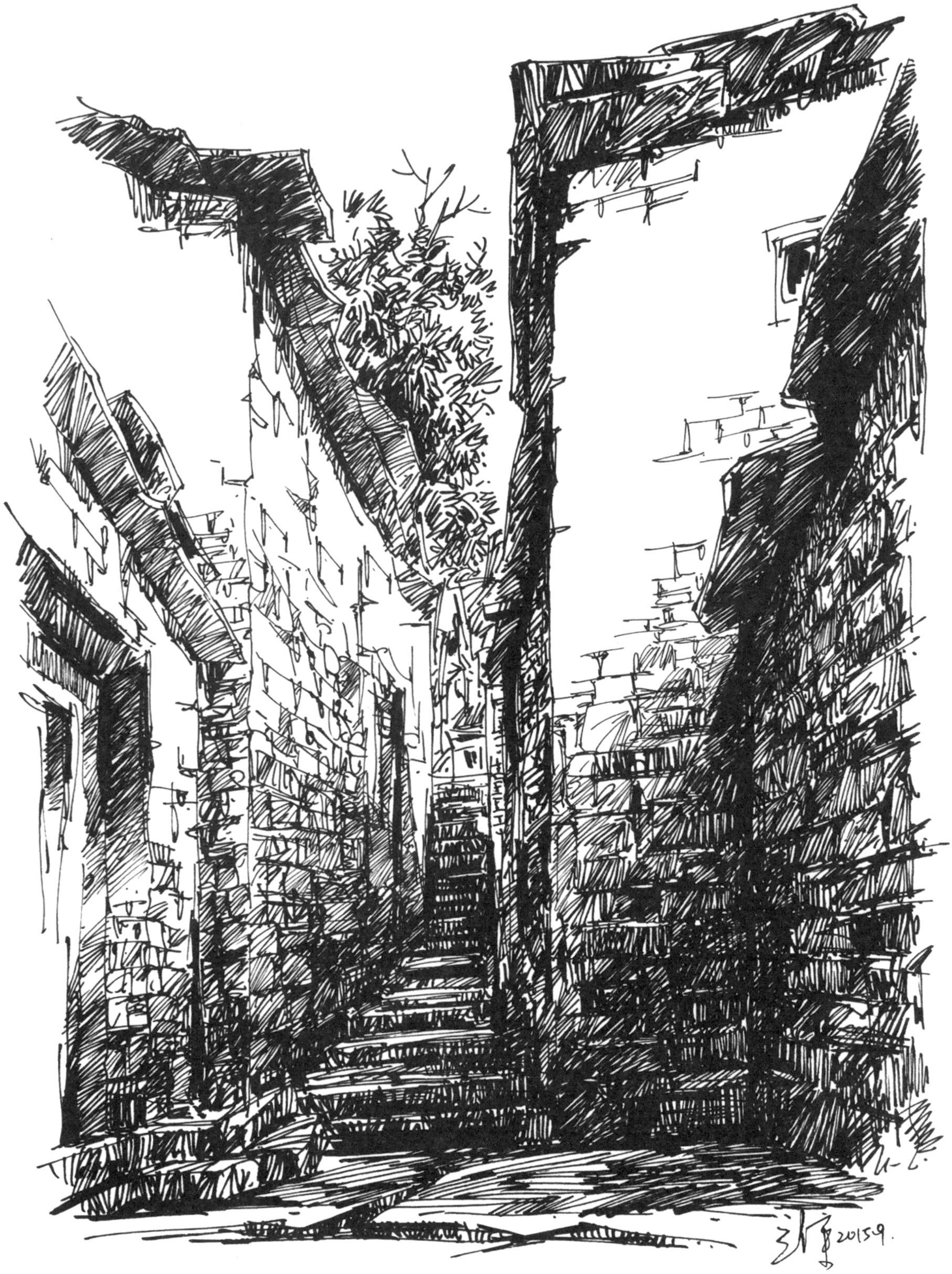
2015.9.

（3）三"支"

赴英谈旅游，除了欣赏建筑和体验风土人情，还可以了解一些村寨的发展历史。我们所说的三"支"，指的是古寨路姓人家的三个支脉。英谈路家自明朝时迁徙而来，经过上百年的发展，亦农亦商、家业日盛。到清代嘉庆年间，英谈路家发展到第五代的时候，居住在后英谈的路万富将自己的所有田产分给了三个儿子，按照传统让三个儿子分门立户，支撑路家，并且给三个儿子分别立了堂口：大儿子是德和堂，老二是汝霖堂，老三是贵和堂。这就是现在英谈路家三支的由来，现在的英谈人仍都可以依照族谱找到所属的那一支。

1 ｜ 2

1　英谈的一瓦一砖、一草一木都与路姓有关｜夏克梁
2　路姓的三个支脉构成了现在的英谈｜夏克梁

（4）四"堂"

所谓的堂，应该就有房舍的意思，但是在英谈堂的意义要复杂很多。英谈人素来遵循一支一堂，最初有三支，也就是德和堂、汝霖堂和贵和堂，即"三支三堂"。但到了清道光年间，德和堂分出了一个中和堂，形成了今天的"三支四堂"的格局。现在的英谈人，可以清楚地说出自家所属的路姓堂口。一座古寨，一个祖先，族分四堂，各有所属，倒是有一些江湖的气息。

正是因为这样的传统，堂的概念在英谈就很繁杂。在英谈古寨中几乎所有的房屋都可以按堂划分，而且每个堂口都有一座类似老屋的建筑。在平原地区，这所老屋应当被称做祠堂。英谈四堂具有与祠堂相同的地位和作用，每逢年节或者重大的活动，这些堂口老屋以及堂口的主持人（相当于族长一类）就显得很繁忙而庄重。英谈的"四堂"成了到英谈旅行必须参观的四个景点，四堂当中以地理位置和建筑规模来说首推贵和堂。

1　英谈古寨族分四堂，任何一个家庭或建筑都各有所属 | 韩卫东

贵和堂

贵和堂的老屋居于全村的中心，在老街中央广场的北面坡地上。一个构筑精美的门楼，昭示了它与全寨其他建筑的不同，也彰显了建筑本身的非同凡响。

门楼是汉族建筑模式中非常重要的构成之一，修房盖屋时最为主人看重。中国人讲究门第的观念，而所谓的门第在形式上的表现就是门楼了。门楼的作用，一是作为整个建筑的配饰，与院墙屋宇共同组成一座房屋，互相映衬，相得益彰；二是彰显主人的身份和地位，显示其在政治、经济乃至军事诸方面的功绩与修为；三是作为整个建筑的大门，或者称为正式通道，作为亲朋好友出入建筑的尊贵之选。古时候，官宦人家或者商贾富户都在门楼的修筑上尽心尽力，丝毫不敢马虎。

作为走南闯北、商通天下的路姓大户，自然深知居所门楼的重要性，因此在修筑自家厅堂的时候门楼自然必不可少。

贵和堂整座院落东西走向，而作为占据吉位的门楼则一定要朝向南方，这种简朴的自然风水学的概念早已经根植人心。门楼一反英谈的石头建筑，多用木料，从中可以想见当时建设者的重视程度，当然也突显出路姓人家的经济实力。虽然已经历经上百年，这座木质的门楼依然保持着大气、尊贵、结实、细致的整体风貌，年久失修的落寞，仍然掩盖不住它昔日的风光，至今它仍然是英谈古寨里最能够彪炳岁月的标志之一。

进入门楼，贵和堂的大门与之成直角排列，朝向西方，而门楼正对的北面有台阶通向山坡。当年的贵和堂有房屋 90 多间，堂口老屋仅仅是其中的

一部分而已，这段通向深山的台阶就是连接其他房屋的通道。只是现在，通道被杂物堵住了，游人已不能上下。进入贵和堂的正门是一处昏暗的过厅，确切地说，应当是门廊，只是前有"影壁"阻隔了光线。

进到院子里才发现，阻隔正门光线的所谓"影壁"，实际上仍然是一道门，这样的门只有在大户人家才有。另有甚者认为这种门只有皇宫才有，名曰"塞门"或者"仪门"，是皇帝独享之门。在如今保留的众多宅院当中，山东曲阜孔府的"重光门"最为典型。贵和堂修建这样一道"仪门"，彰显出修造者的匠心独运以及对子孙后代的厚重期冀。因为仪门，顾名思义，只在重大仪典的时候给尊贵的客人们开启。

贵和堂属于四合院式的布局，并且真正做到了四合，院子倒成了一个类似天井的地方。四合之屋皆为石楼，门廊过厅各样具备，虽然稍显狭小，但却端庄严谨。西面正房的二层更是雕梁画栋，做工精细，尤其那一排格子门窗，让整个院落也为之一提神不少。

石头构建的贵和堂，因为增加了木质的构件，明显得尊贵和雅致了许多。也许把它和山西一些现存的砖木结构的院落相比较，它会显得粗糙和破旧，但如果你去过太行深山，将当地的自然和交通条件结合在一起考虑，就会觉得它应当就是大山里的一座宫殿。

四合院按照中国北方的布局，一般是没有后门的，但作为村中最为讲究的贵和堂不但修有后门，而且规格不低，也有门廊门道。后门连接一条建筑有石栏杆的坡道，这是我们在英谈看到的最为匠心独运的构造之一，让人记忆深刻、难以忘怀。

"水墨"效果表现技巧

画家自身的绘画功底对于画面效果起到决定性的作用，除此之外，画面效果与工具和材料也是分不开的。这张贵和堂廊道上半封闭的锅台空间，用马克笔画出水墨画的韵味并非事先谋划，而是在无意中获得，究其原因，主要与纸张、勾线笔以及马克笔的性能有一定的关系。先说说纸张，纸张有吸水性能强弱之分，如水彩纸的吸水性能较强，白卡纸的吸水性能较弱；而且同样是水彩纸，吸水性能也有较大的区别。该作品所采用的是一种吸水性能较好的水彩纸。再看看勾线笔，勾线的签字笔有水溶性的，也有水不溶的，水溶性的签字笔遇水后会迅速"化开"（墨色会被染开部分），为"水墨"般的视觉效果带来了可能性。该画所采用的正是1.0的水溶性签字笔。除了纸张和勾线笔，与上色的马克笔也有一定的关系，马克笔有水性、油性和酒精之分，相比而言，水性马克笔更容易与水溶性签字笔相溶，且该作品所采用的水性马克笔具有较充足的保湿剂，为色彩的融合、晕染大大拓展了空间。

1	2	3
4		

1　以石材为主的英谈建筑，只要适当增加木质构件，便能使其多几分尊贵和雅致 | 卢立保

2　正房上的"雕梁画栋""格子门窗"是贵和堂区别于其他建筑的主要特征 | 韩卫东

3　贵和堂的门楼 | 韩卫东

4　贵和堂的通道已堆满了杂物，甚至还搭建了锅台 | 夏克梁

丝毫不能改变英谈人对汝霖堂的敬仰，汝霖堂的名气乃至故事风物甚至比贵和堂多出很多。由当地人组成的导游团队说起汝霖堂的故事，都会眉飞色舞、滔滔不绝，讲得头头是道、绘声绘色，而且言之凿凿、真真切切。

汝霖堂没有门楼，但大门上有一块匾额，在很大程度上替代了门楼的作用，门口的介绍文字则清晰地记录着这个堂口昔日的辉煌。可见，并非所有的富户人家都是高调炫耀，汝霖堂的昔日堂主应是一个同样低调的人。与现实生活中一样，有时候低调的人会做出更大的事来。

汝霖堂

与贵和堂的建筑相比，村中另一个堂口老屋汝霖堂略显逊色。汝霖堂同样建在老街往上的坡地上，只是比贵和堂地势偏低，建筑也要质朴一些，没有特别奢华的门楼，而且进到堂中院落还要下几级石阶。但这些

汝霖堂的窗户很特别，并不是说它有多别致，相反这些窗户都太过质朴，方方正正，极为普通。和这里的建筑一样，不求奇不求异。人言：心灵之窗，也许这正是堂主本人方正人格的一种体现，抑或者它也在向后世的人们传递堂主的为人之道。

德和堂

德和堂是英谈路家三支中的又一支，这一支的老院位于贵和堂的东北方。在英谈，堂实际上就是建筑群，是英谈宗族发展和繁盛的见证。据说以德和堂的老院为核心，共建有房舍 90 多间，供这一支的路姓族人居住。在封建社会这是一种最为和谐的同宗共济，从另一个角度来说也是传统的宗法思想在太行深山里的一种演进。

德和堂的建筑和汝霖堂有些相像，但另有两个最为明显的特征。一个特征是德和堂的红石栅栏。在通往德和堂老屋的通道两侧矗立着两面开槽的石头立柱，其上镶嵌着红石板，形成一道石头栅栏。神奇的是，这些立柱的顶端都凿有石窝，遇到年节或是堂口的重要事件，石窝当中注入油料，再加上灯芯点燃，就成为两行路灯。这种形式具有很强的仪式感和实用性，是一种发明创造。另一个特征就是德和堂楼上的一些窗户。德和堂的窗户是圆形的，和村里其他上圆下方或者干脆是方形的窗户不同，这多少有些特别。据英谈当地人讲，修造这样的窗户不仅仅是为了美观，从另一个层面上讲，它反映了这座堂口的名字的含义，即以德融合，这种没有棱角的圆形正是中国人追求的和谐的最高境界。

1	4
2	
3	

1　正在修建的汝霖堂，看起来比较普通，与大多数民居没什么两样

2　汝霖堂入口门上的匾额｜夏克梁

3　院中一块鱼形石与建筑融合在一起，这可能便是汝霖堂最大的特点｜夏克梁

4　德和堂的四合院｜夏克梁

中和堂

英谈的路姓分为三支四堂，中和堂实际上是从德和堂分支出来的，属于德和堂一支。在英谈，中和堂建成的最晚，但最有特点，也最为大胆。

中和堂建设之前，堂址这里原是一条河，当地人称之为南沟。在建设中和堂时，寨子里没有可供建房盖屋的平地。但中和堂的族人们独辟蹊径，在河上用石头筑桥，又在桥上盖房。这个创意给紧仄的古寨又辟出一片土地来。而且因为这座桥，河南岸的空地和寨子连成了一片，无形中扩大了寨子的规模，为自家族人找到了新的安身之所。

中和堂的老屋就修筑在这座桥上。说是桥，因为体量庞大，已经看不到桥的形式，而整个建筑的下面其实是一条河。这样的设计是需要胆识和智慧的，这一点英谈人做到了。

因为房子建在桥上，所以中和堂的正房大院被人们称作桥院。桥院没有专门修建的门楼，而是在正房中间留有通道，进出院子。在这条通道的院子那端，和贵和堂一样也建有一座"仪门"。仪门的形制是两扇可以开合的门，就是在两根立柱之间形成一个门洞，洞里装有门板。当有贵客光临或者家族大事的时候，仪门就会开启，平时关起来的时候它的作用也就是一道影壁墙了。

中和堂架桥盖屋，连接河道两岸，它的建筑群则分布在河道南侧，一共有五个院落，房子将近百间，组团紧密，布局合理，可谓颇具匠心。中和堂的几座院子看似从古寨中分离出来，实际上却让整座寨子显得更为整体，也更具特色。

石头建筑表现技巧

英谈建筑以石材为主，墙面整齐、规整，容易导致所表现的画面单调、呆板，所以一般的画家往往不愿意表现这种题材，但以英谈古寨为专题的写生，要求我们又必须面对它。表现石头建筑，首先要选择适当的角度，尽量选择墙面内容（有门窗、雨檐、农具等）较为丰富的界面为主墙面（画面的主体内容）。其次在勾画墙面石材结构线的时候要注意石块大小和虚实（有些适当不画）的变化，也可在墙面或界面交界处主观添加相应的内容，如墙上挂衣物，墙角摆放农具等。再者在上色时要注意各界面间的明暗变化和石块间的色彩变化，具体可先区分各界面的明暗大关系，然后用两三种较深的颜色对部分石块进行叠加，再用略深的颜色对各界面大关系（包括石头材质）进行调整，使表现的石墙以及整个建筑的色彩既统一又有变化。

| 1 | 3 |
| 2 | 4 |

1　中和堂旁的"小景"｜孙刚、夏克梁
2　修建在石桥上的中和堂｜夏克梁
3　英谈之美，在于这是一座"城"｜夏克梁
4　沿着石板路，我们走进英谈｜夏克梁

二、走进英谈
walking into Yingtan

2015 年 8 月，当我们走进英谈古寨时，发现它比想象中的更美。
这座古寨如今的模样恰好展现了历史，记录着沧桑，这也正是
边走边画团队期求以画笔记录历史、保护古民居的核心所在。
正是因为它的原始、质朴与生动，以及当地村民修旧如旧的保
护修缮方法，沿袭古风的恬淡生活方式，古寨的价值才被完好
地保存下来。当然，也因为如此，才使得它符合时下古村落旅
游的要义，能够吸引更多的游客来领略古寨风貌，感悟历史沧桑。

英谈之美，在于这是一座"城"。

在中国几千年的封建社会里，由于社会动荡抑或生产力低下，
在需求层次的满足上安全需求一直处于一个极高的位置，或
者说，对更多的人来说安全需求与衣食需求同等重要。所以，
即使是乡村的规划与设计也都有一种微城池的模样，护城河
以及城墙似乎就这样被微缩之后，其影子渗透到了全国的角
角落落。

南方依水，北方靠土。村寨的防御系统强调一家一户之外的整体性，也就是说，护村之水或夯土之墙成为维护村寨安全的第一道屏障。在宗族思想盛行的那个时代，虽然集体防卫费钱费力，但因为举一村一宗或者一寨一族之力，这样的工事往往都能够得以修筑和维护，并延续数十至数百年。

1. 寨墙

根据村中建筑和碑石铭刻的考证，现在环绕英谈一圈的长约 2000 多米的寨墙修建抑或加固、维修于清代咸丰年间，正是这 100 多年前的修缮，成就了今天英谈的规模和太行古村最明显的特征。

英谈不大，寨墙围护之中只约有 67 户人家，但这座寨子却像一座真的城池一样筑有四座城门，依着山势而建。东门是游客进寨的正门，售票处就设在东门之外。

英谈城墙并非全部是专门砌筑，它很巧妙地把墙和房结合起来，这和通常的城市建筑有所不同。在这里，墙和房的建筑材料一致，以墙建房，以房为墙，房墙相连，形成一个回环。这样一来，作为防御工事的城墙，就不用占用村寨本来就很宝贵的空间，而且由于房墙相连，整座寨墙更加坚固、结实，维护相对也方便。这就是山寨的好处，不求规整，但求实用，依循山势，巧施人工，最终成就了天人合一的非凡工程。

城墙高低不等，归因于山势，也归因于房墙相连的砌筑方式。最低的城墙不低于 3 米，充分考虑了防盗御匪的要求。由于全村的建筑材料主要是石材，城墙自然也是石头的。在英谈，石头砌墙的工艺十分高超，这应该归功于太行山区千百年传承的工艺。采自本地的大小石块，经过巧手工匠的砌垒，大小安排得当，茬口对接合适，石头之间通过自身重量的挤压而咬合紧密，虽然没有使用黏合材料，却可以做到密不透风，不得不令人由衷赞叹。

1

1 英谈的寨墙并非全部是专门砌筑，常巧妙地与房屋的院墙结合在一起，所以寨墙和屋墙有时往往难以区分 | 夏国元

1 | 2

1　寨墙之中的寨门，但并非想象中那样寨墙连着寨门｜夏克梁
2　拾级而上，英谈的寨墙显得特别高大｜夏克梁

2. 寨门

南门是四座寨门中最沧桑的，也是最入画的一座，如今城门的功能减退了，但保护得不错。

从古寨本身而言，南门是游客们和研究古寨历史以及寨墙结构的学者们一定要看的，它注定是一座有故事的寨门。在英谈，几座寨门相隔得并不远，按理说，这个寨子有两三个寨门就可以了，尤其对于依山而建的不规整的建筑环境而言。但是在中国传统的造城理念当中，向南的一面一直被推崇，一座城一定要有南门。南门事关风水，事关神明，村寨兴衰、年节祈福乃至于衣锦荣归、壮士出征、嫁娶添丁、五谷丰登诸事，均要与面向太阳的南门息息相关。因此，英谈这座交通最为不便、方位最为险峻的南门，其实在很大程度上承担着精神方面的重任，但这也成为它的重负，现在的南门是英谈最为沧桑的所在。

| 1 | 2 |

1　东寨门是英谈古寨的主入口，所以在寨门前有
　　一个相对较大的广场 | 刁晓峰
2　东寨门 | 夏克梁

西门由于处于新旧村子之间，现在是最为热闹的一座寨门，在画家们看来，它也是最为精致的一座，所以也非常入画。这座门作为门的功用现在被突显得淋漓尽致。近些年随着寨子不断扩大，寨子西门外的民居越来越多，寨子内外的交流与沟通需求不断增加，西门已成为一处交通要道，车辆进出也都经由西门。英谈的西门在建筑规模上是现存几门中较小的一座，但在功能上的重要性，使得这座城门受到的重视与保护明显高于其他几座门，能够看出，这座城门的坚固程度和垒砌城门的石头要新得多且规整得多。

东门是进入英谈的正门，当然也是今天保存最为完整和最具气势的一座。就其门前的平整程度和如今村民在门口树碑的情况来看，这座门在早年应当也是正寨门。中国人对南、对东的方位崇拜不知源于何时，但在建筑上对东、南的偏爱应当在商周时代就已经开始了，延续至今的几千年里，无论是皇室都城、大小城郭都在南门和东门上费尽心力。在英谈这座深山古寨中，传统的建筑思想同样熠熠生辉。

正所谓用进废退，在英谈四座城门中，北门已经几近沦落，颓圮不堪，以至于边走边画的学员们鲜有几个作画记录。但并非这群画者的眼力有误，相反，从古寨保护与再生的角度来看，因为古寨往北已几无开发的可能，让北门就此湮没，也不失为一种特殊的保护。

仅从外围来看，英谈这座深隐山中的古寨，在构筑初期就已经很具备传统的设计感：循着山势，依着水流，自然成寨，而且能在最大限度上迎合风水，注重建筑哲学，东西南北四面各据其险，各司其职。不能不说，这是一座费尽心思、独具特色、功能性强、安居生息的理想之所。

1	2	3

1 南寨门｜夏国元
2 西寨门｜卢立保
3 北寨门尽管不存在了，但想象中依旧有一座破败的寨门屹立在古寨的北面｜夏克梁

方框中的画面表现技巧

表现英谈建筑、寨门时迟迟不敢动笔，因为石头建筑过于规整，在尝试设框的方法后，豁然发现一切都变得如此简单。首先是起形简单（特指参考照片来描绘），有了方框，在心中便多了几个设定点，对于形体的把握带来很大的帮助（这也是表现建筑最难的一点）。在此基础上，逐步细化直到完成透视结构线。接着在上色的时候先铺明暗和色彩的大关系，大关系对于画面极其重要，直接牵涉到画面的空间关系和整体性。最后再做一些调整，调整的目的主要在于丰富画面的色彩和细节的刻画。

3. 民居建筑

作为村寨，其核心应该还是民居建筑，其他都应当算是辅助设施。英谈的民居笼统地说就是石头房子，但细细研究，石头房子之间仍然是有差别的，而且差别很大。

从古至今，建筑设计始终追求的其实就是差别。中国的民居建筑有一个大致的形制，但要落实到每家每户差别就出来了，而且有时候这种差别还会很大，尤其是在山地或者水坞因势而筑的民居。差异化是构成建筑之美的根本，英谈，正是如此。

我们且不论黄巢的起义军如何构筑这里的建筑，就从山西迁来的路姓大户来说，在来到此地之前，路家一定是有自家别致的居所的。众所周知，山西是目前我国地面建筑留存最多的省份之一，而且这其中绝大部分是明清民居建筑，被称为中华民居建筑的瑰宝。

客从山西来，自然就带来了山西民居精美的风尚。虽远避深山，交通不便，建材简陋，工匠短缺，依然不能阻挡路家构筑精美居所的念想和决心。他们因地制宜，因陋就简，在这山中小村筑就了在形制上足以媲美山西商贾富户深宅大院的路家厅堂。

1　寨中最早的石楼，据说至今已有 600 多年的历史｜夏克梁
2　依山而建的英谈民居，仔细比较，建筑和建筑之间存在着
　　较大的差异性｜卢立保

（1）入口

村中四堂几乎构成民居的全部，几堂老屋仅仅是其中的代表而已。现在的英谈民居过去都应当归属于四堂，所以英谈民居都与各堂老屋有着些许的渊源，只是因为修建年代不一，在格局、构造、精细程度以及舒适性方面就有了各种各样的区别。这些差异隐藏在每一个院门背后，只有走入大门，才能发现其中的端倪。

这些差异，也掩藏在一个大同的背后。所谓的大同指的是寨子用的建材全是石头，单从建材以及外观上看差别很不明显。但是各家的大门也就是入口却各不相同，这就形成了英谈户户相近、家家不同的特色。山中古寨的这一特色，在旅游、文化、建筑等方面具有非常大的吸引力。

英谈民居需要入户才能一窥究竟，而今天的英谈本身就是一个开放的英谈，游人可以任意出入好客的英谈人家。通过这种类似串门式的观览，我们发现，虽然在远避的深山，英谈民居的设计格局都非常清晰，功能划分明确，生活十分方便。

房屋是用来生活的，居住只是其功能之一。在英谈，虽然家家户户的房屋朝向不一、大小不等，但都满足几项基本的功能，充分保证了生活的舒适性。在一座深山古寨里，这是难能可贵的。

1	3
2	

1 寨内也有建造考究、制
   造精美的院落

2 普通民居入口｜林婕妤

3 古城街 56 号，冀南银
   行货币发行处旧址，这
   样的入口在英谈很少见
   ｜夏克梁

（2）厨房与灶台

如果仔细观察你会发现，在英谈每家每户的老
房子里，一定会有一个两边通风、类似通道或
过道的地方。这里常有石砌的锅台炉灶，墙上
有挂置锅铲瓢勺的木楔，一应的简单灶具就在
这个锅台和墙壁上展示出来，方便实用又避免
风吹雨淋和烟熏火燎。通风的设计让厨房变得
清爽，而过堂式的厨房又让家人来去自如，且
不占用专门的空间，毕竟一天之中，用到厨房
的时候不多。在寸土寸金的山寨里，这样设计
厨房既巧妙又实用。

我们在英谈看到的居家小灶随意而简陋：一只
炉子、两盏铝锅在屋檐下的门边凌乱摆放，看
不到舒适的迹象，如遇雨雪寒天连起码的方便
也谈不上，但这不是老英谈人家的厨房，这只
是现代人的简便之举。

1	3
2	4

1　厨房一角｜卢立保
2　过道上的"厨房"，也是英谈民居中最巧妙的设计｜王玮璐
3　有的家庭把厨房设在门口的廊道上｜林婕妤
4　偶尔也能见到把厨房设置在单独的空间中｜林婕妤

1	2	4
	3	5

1 过道厨房的钢笔表现 | 夏克梁

2 煤球灶 | 夏克梁

3 门口简易的灶台 | 夏克梁

4 废弃的灶台 | 王玮璐

5 移动的柴灶 | 夏克梁

（3）院墙

由于整座山寨使用石头构造，石块砌的墙缝隙自然要宽一些、多一些，外墙墙面更是如此。英谈人家很好地利用了石墙的天然孔隙，他们把农具和一些家用的小工具随手挂在墙上。有的直接插进墙缝，有的则挂在墙缝里塞的木楔上。将簸箕、扫帚、筛子、笼屉等挂在墙上，既有效收纳了这些物件，又合理地利用了闲置的空间，更省得再专门建造房间来收纳它们，真可谓是一举多得。

| 1 | 2 | 4 |
| 3 | | 5 |

1　廊道上的厨房是半封闭式的空间，便于排气
　　和通风｜林婕好
2　房子一侧专门搭建的"厨房"｜王恬
3　厨房灶台上丰富多样的"道具"｜王恬
4　院墙是悬挂斗笠、筛子、扫帚、簸箕等器物
　　的极佳场所｜夏克梁
5　一人高度左右的半围合院墙，是摆放柴禾等
　　物品的极佳空间｜夏克梁

石头墙表现技巧

英谈古寨的民居、寨墙、寨门均以石头为原材料，使建筑牢固、耐久，数百年来依旧保持着原貌。但对于写生者来讲，表现石头倒成了很大的难题和挑战，石头规整且大小相近，很容易画得平均而导致画面呆板。

画石头墙首先要搞清楚石头之间的并置关系，然后观察石头的垒砌方法，找到规律。表现时无需面面俱到，可适当做虚实处理，墙体的交界面则需做明暗对比的强调处理。

1	3
2	4
	5

1 低矮的院墙：不但可以起到围合作用，而且可以在墙头上摆放花草，形成一道风景 | 夏克梁

2 龙头背后的石墙，其缝隙可以穿插牙具等，实用而有趣味 | 唐清

3 建立在户外的独立茅厕 | 夏克梁

4 寨中偶尔能见到露天的生态茅厕 | 夏克梁

5 厕所的窗口摆放着两个造型别致的夜壶

（4）厕所

厕所是中国民居建筑中设计感最强的部分，一方面它是人们生活当中必不可少的组成部分，另一方面又不能让它的污秽之气影响生活场所，因此，民居营造中厕所实际上是最令人头疼的。而英谈古寨的民居比较集中，又上下错落，这使得厕所的构筑就非常麻烦。既不能影响居住人家，更不能影响邻居，真是件难上加难的事情。

解决这个问题似乎也很简单，就是把厕所建在自家户外的墙檐之下，且在互不影响的下风向的位置。当然这样做的目的还有一个好处：清理方便，正是这种方便清理的设计，使得山居旱厕没有秽气横生。

（5）屋顶

英谈民居在形式上参照了四合院的样式，组合建屋，但是单个屋子的构筑明显带有河北民居的形式。屋面没有像北方民居普遍的大斜坡屋顶，而是几乎平坦的缓坡屋顶。屋面上铺设大块石板，光洁而平整。家家户户的屋顶相连，竟然能连成一条条屋顶的通道。现在英谈几乎每家院子里都放着一架铁梯子，游客可以随意攀上屋顶，在院子与院子之间行走，那种感觉是别的村落所体验不到的。

当然，英谈古寨的屋顶坦途起先并不是为了游客设计的，据说也是战备的一种需求。一旦盗匪入寨，村民除了可以从后门出逃以外，也可以将屋顶连起来的通道作为逃生线路。

平坦的屋顶设计还另有作用，即可以在庄稼成熟的季节晾晒粮食，这也是北方平屋顶最实用的功能了。

石头瓦片表现技巧

片麻岩是太行山地区的"特产"，村民们就地取材，充分利用片麻岩的自然特点将其用作瓦片等建筑材料，不但实用而且牢固，使得人可以在屋顶上晒太阳、行走或奔跑，因此片麻岩的石头瓦片也成了太行古村落的一大特色。

作为"瓦片"，除了遮阳外更主要的功能是避雨，因此屋顶"瓦片"的构造便是自上而下的重叠关系。绘制时首先要弄清楚这一结构，其次要注意表现出片麻岩的厚度及大小不一的变化。

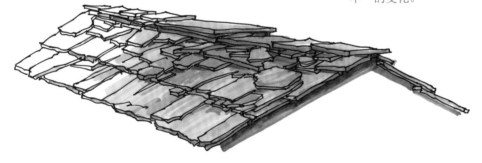

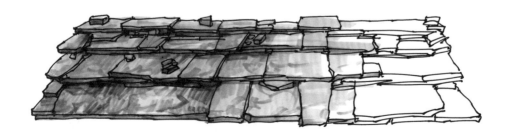

2016.1.26

（6）院子

院落是民居建筑中的留白部分，北方民居比较注重这一部分的设计，相应的南方民居中也注重天井。在英谈，再小的民居都会在建筑之间或屋子前后留有院落。院落的功能一是堆放杂物，二是栽植树木，三是举家休闲。山里人所谓的杂物，无非是烧饭用的劈柴、闲置的木料、大件的农具等等，虽为杂物，放置却也井井有条，绝不凌乱。而作为院落的一个特征就是要有栽植的树木，一般是枝繁叶茂的果木，这样既可以在秋季有所收获，也可以在炎夏遮蔽阴凉。英谈人家的院子里大多栽植的是梨树，河北一带的梨是有名的特产，地处太行深处的英谈也不例外。因为年代久远，现在英谈家家户户的梨树都已经长得很高大了。每到夏天，整座寨子就会被这些梨树形成的绿阴遮住，红石建筑和绿树相映成趣，非常漂亮。

1	2
	3

1　爱美的英谈人在院中种有各类
　　花草｜夏克梁
2　有些无人居住的院子似乎成了
　　废园，地上长满了野草，一片
　　凄凉景象｜夏克梁
3　"废园"的另一角度｜夏克梁

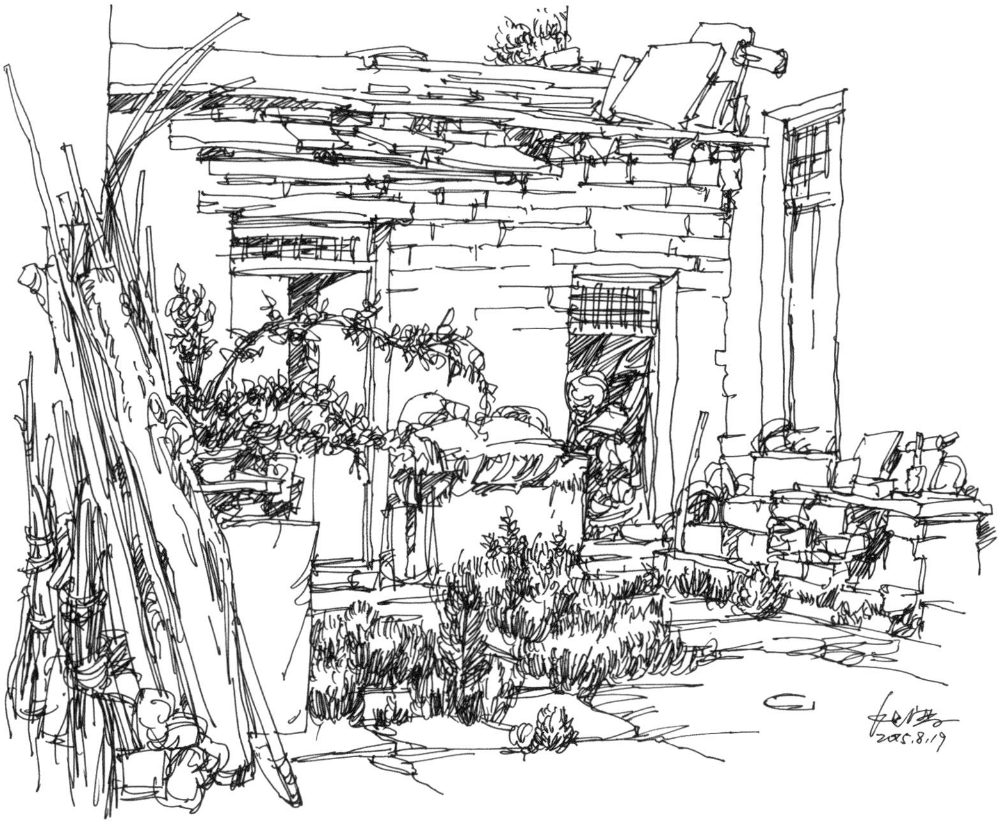

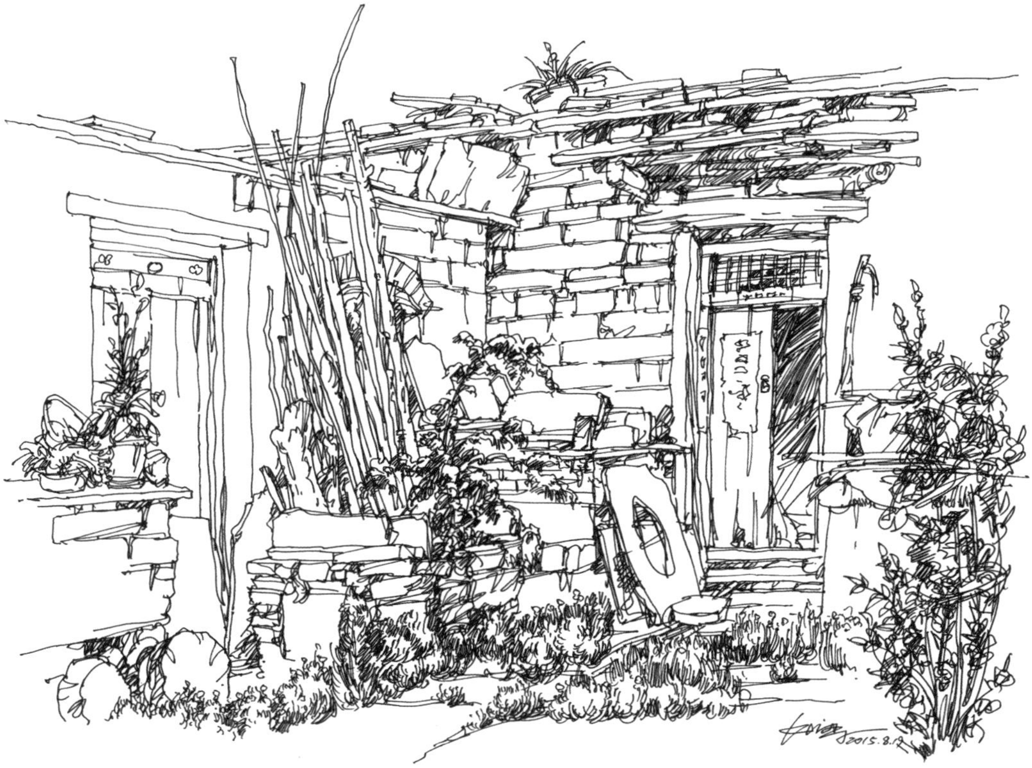

1 　2　3

1　也有些本身不大的院子，却被一堆杂物塞得满满当当，但院中那棵不大的梨树依然散发着生机、结着果实｜夏克梁

2　同一院子，略变换角度，便可构成一幅新的画面｜夏克梁

3　院中尽管被杂物堆放得凌乱，却是生活的真实写照｜王恬

1	2	
	3	4

1　院子是举家活动、聚会、交流的公共空间 | 卢立保

2　有人将锅灶设在门口，也有人将其设在院子里，但是上到屋顶的楼梯一般都设在院子的一角上 | 林婕妤

3　院子角落随意摆放的生活器物，有时成了写生的好题材 | 王玮璐

4　透过门洞看院子 | 黄海鹏

1	
2	3

1 如果建筑条件不允许设置中心院落，英谈人也
会在屋前房后留有小块空地堆放杂物、种植蔬
果 | 夏克梁

2 贵和堂是古寨中较为重要的建筑，其院子也相
对讲究 | 李宝峰

3 英谈古寨最常见的门窗形式 | 李宝峰

（7）门窗

英谈民居的门窗，彰显了英谈人的特有思维。很多门与窗都嵌在石墙上留下的上部浑圆、下部方正的石洞中，门窗质地式样也截然不同。据当地人讲，这样的式样暗合了天圆地方的中国古典哲学思想，显现了路姓人家饱读诗书与文商并举的持家之道。

英谈民居临街的门无论门洞如何门板都很朴实，采用北方农村常见的对开木门形式，即两门三框一门槛的构造。这种门坚实耐用，制作维修十分简单，自然得到普通农家钟爱。英谈人家的门有一个独到的地方：几乎家家户户把通常只有过年的时候才张贴的对联和福字，直接画到了门框门板上。所以，英谈街上家家户户黑门朱联，经年累月都有一种节日的气氛。且不论这种做法在这里持续了多久，在这深深太行，纸张匮乏，这样画对联在一定意义上应该算是节俭的一种表现吧！

英谈人家在石质构造的房子上难以做到极致，他们对建筑的精彩期求就移植到了窗户上，由于是明清两代发展而成的寨子，当时盛行的格子窗自然也就在这山中古寨流行开来。格子门窗在当时上到皇宫寺庙下至官署民宅都有应用。可以说，格子化的窗户，作为一种建筑元素流行全国。

中国人从明清开始尤其重视门与窗的构筑，有人说门窗就像是书的扉页，就像是树上的花朵。而门窗形制的不同、式样的差异，也成就了一幢建筑的奇异色彩。

英谈流行格子窗。无论是讲究天圆地方的窗户还是后来新修的规整而方正的窗户都可见格子窗的身影，英谈人对格子窗的推崇可见一斑。钱钟书老人家曾经写过一篇叫做"窗"的散文，文中钱老写道：世界上的屋子全有门，而不开窗的屋子我们还看得到。这句话指示出窗比门代表更高的人类进化阶段：门是居住的需要，窗多少是一种奢侈。

英谈的格子窗有形无制，因房而异，大小不一，但都有一种灵秀的美。如果碰上年节或家中办喜事，这些格子窗糊上白纸，在格子里贴上花花绿绿的窗花，那种清净中透出的热烈的美，配上温暖的烛光，足以融化深山中任何一个寒冷的暗夜。

（8）雨檐

说到门窗，在英谈不得不说的还有门楼和沿街而筑的雨檐。英谈民居由于受到地理条件的限制，并非家家户户都能修筑高大且考究的门楼，所以传统建筑中，一种类似雨棚的构造物就特别抢眼，这就是雨檐。雨檐是在沿街的门上方从石墙之上伸出的一个遮风挡雨的构件，有的简单，有的复杂，但无论简单与复杂，一旦配上这里特有的红砂岩，就成为英谈特有的一道风景。

英谈民居大多相同，但有一个院落很特别，值得一提，那就是坐落在南寨门附近的"英义展览馆"。其不同点首先在于藏有一块罕见的龟背石。从朝北的正门进去，会看到一面花纹奇特的石头制成的影壁。这面石头上纹路突起，像是树叶上的脉络，又像是乌龟背上的花纹。奇特的是突起的纹路和石头本身的颜色差别比较大，非常醒目，用来做影壁自然十分抢眼。据说这里的影壁已有上百年的历史，可见建房之初这块石板就搁在了这里，难怪有人出价十万，房主人也不肯出手卖掉。就是因为这块石板，主人给院子取了个很好听的名字，叫"奇石居"。

其次，这座院落还是一个微型的家庭展览馆，也是寨内唯一的需要购票才得进入的民居，不过门票非常便宜，才一元钱。院内所展示的主要是英谈古寨历年来曾用过的一些农具及展现英谈风貌的一些摄影照片。另外，据说在"抗战"期间这里还曾经做过白求恩大夫的手术室。

再者是院子里的那棵斜向生长的梨树。这棵树显然有些沧桑，斜向朝上的一面已经裂开，中间几乎枯死。但令人称奇的是它依然生长茂盛，甚至从几乎枯死的树干上又长出一支椿树的苗子来，正所谓枯木逢"椿"。这更让屋主人欣喜不已，游客们也叹为奇观！

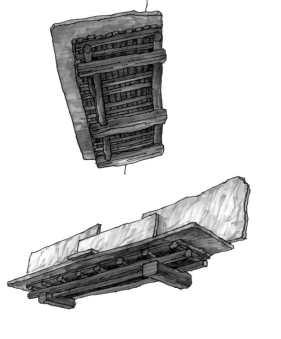

1			4
2	3	5	

1　除了现代改制后的玻璃窗，一般的家庭都仍旧保留着
　　格子窗（组图）│夏克梁
2　拱圆形门│夏克梁
3　方形门│夏克梁
4　雨檐除了可以遮挡风雨，也还可以摆放花盆│夏国元
5　木石结合的雨檐（遮雨棚）（组图）│夏克梁

	2	
1	3	
		4

1　在英谈，稍微考究点的人家，在门洞上方都设有雨檐 | 夏克梁

2　奇石居院中的这棵尽显沧桑的梨树上长出椿树的苗子，被导游们
　　喻为"枯木逢'椿'" | 夏克梁

3　奇石居，其实是展现农具的一个微型展览馆 | 黄海鹏

4　农具虽少，但基本能反映农耕时代英谈人的生活状态（组图）| 唐靖

4. 街巷

无论从哪座城门进到英谈寨子，石板铺就的街道都在脚下伸展开来。无论是哪一条街道，都与我们看到的其他村寨不同，这里的街巷可以说是地无三尺平。这也是英谈独有的特色，这座依山而建的古寨，街巷本身正是山势的一部分。

因为山势的原因，较为平缓的地方石板就铺得平一些，但凡坡度明显的地方，则由台阶来衔接。交错在英谈寨子里的几条街道，就这样在石板的平缓铺设与石条的阶梯样排列中延伸着。数百米的街道因为这样的上上下下显得自然而起伏，在其上行走有了一种特有的节奏。

街道是由房子和道路一起构成的。英谈起伏的街道导致了路两边的建筑随之起伏，这些民居是英谈的精髓，也是构成英谈街巷的组成部分。平地盖房、坡地修路是所有山村最基本的构筑思想。英谈村的平地错落，民居也就零碎。散落在平地之间的民居经由或平整或阶梯样的石板路连接起来，形成一条条或大或小的巷子。三条较大的巷子汇聚到贵和堂的大宅楼下，形成一个不大不小的村间广场。从这里往南门方向过一条河是住户不多但地势平缓的南街，往西门方向跨过村间河流是起伏而蜿蜒的西街，而向北再往东就形成了通往北门和东门的英谈正街。正街最长，住户最多，也最吸引人。

构成英谈街巷的民居建筑多是石头修筑的楼房，这多少与平原区域的北方民居有些差异。在平原地区只有大户人家才能修筑楼房，但在英谈楼房却很普遍。这源于当地的建材方便获取，同时也因为宅基地昂贵而难得，相同的宅基地上楼房面积自然要大很多。

三条街道构成整个英谈的核心，但却不是全部。英谈的街巷除了这三条主街之外，更美的则是依着山势或拾阶而上、或蜿蜒逶迤、或宽阔喧闹、或紧仄幽静的小巷。

老街相对平整宽阔，而小巷则狭窄陡峭。值得一提的是英谈的先人们选择这面山坡建寨也是经过勘察的，在太行山的陡崖峭壁间，能有这样一片向阳且临水的缓坡实属不易。英谈的小巷多数是循着山势走向的，这样一来就要有台阶来供人们上下，因而壁立的屋墙夹上紧仄的台阶就构成了小巷的典型形态。

说是小巷，多数应该算是过道抑或称为通道，有的小巷两边是没有住家的门户的，甚至没有一扇窗。这样的小巷实则是让高低错落的山寨住户方便来往，而它们也各司其职，有的适于负重上下，有的则适合轻装出入。这是山寨设计者的初衷还是人们自发的存留现在已经难以考证，作为后来者我们只有赞叹。

英谈小巷的另一个用途则是满足备战的需要，因为这里曾经是作为"营盘"存在的，所以战时的疏散功能很重要。现在留存的英谈老建筑家家都留有后门，户户都相通，这应该是曾经的营盘式建筑的功能需要吧！

从远处望去，英谈是一座红色的石寨，近处看来，铺在石寨街巷的石板或者砌在街巷的石阶却多以青石为主。与这里构建民居与寨墙的红色砂岩不同，青石本身更坚韧、耐磨、防滑、抗寒，作为铺路石再好不过。在英谈举目四望，到处是太行山独有的红色砂岩，铺街的青石来自何处？几百年来，经历过村人及过客的来来往往，光滑的铺街石板早已经成为英谈古老历史的见证。正如英谈迷离的历史，这些古老的铺路石也一样耐人寻味。

英谈所有的街巷，都是石板铺就而成｜夏克梁

石阶表现技巧

石阶是建筑的一部分，不管是城市中的现代建筑还是乡野中的民居建筑都少不了石阶，其区别主要在于现代建筑中的石阶无论在用材和施工工艺上都更加讲究，而民居建筑的石阶会更加朴实和自然。

英谈是太行山中依山而建的一座古寨，以石材作为建筑的主要材料，石阶自然也成了英谈写生不可回避的一项内容。其实画石阶并不难，只需抓住几个关键点：一是透视。表现石阶需要有一定的纵深感，把握好近大远小的透视关系，便是表现石阶空间纵深感的最好办法。二是体块。石阶的结构和体块极具特征，棱角分明，表现的关键在于两个界面之间的转折关系。强调界面之间的明暗对比（如果是钢笔画的表现，原理在于疏密对比，因此加强垂直面的纹理线以形成"灰面"，与台面的大量留白构成对比），也就能轻松表达出石阶的体块关系。三是村落中的台阶往往具有一定的历史，不及刚修建时那么规整，所以在表现时应有意加强个别石快的倾斜度、增加碎石和小草等，使表现的画面更加古朴和更具趣味感。

| 1 | 2 | 3 |
| | 4 | |

1 石阶梯｜夏克梁
2 较陡峭的石阶巷道｜夏克梁
3 石阶巷道及倚靠墙脚的石板｜夏克梁
4 相对平缓的石阶巷道｜夏克梁

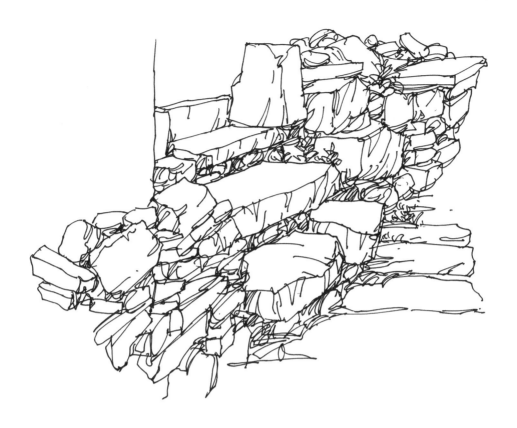

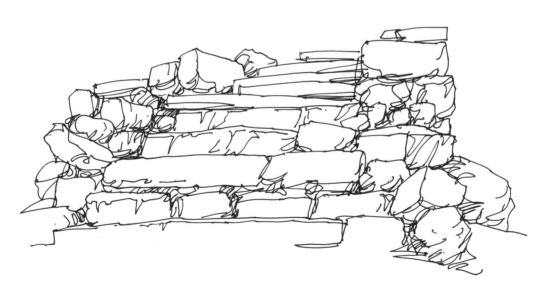

| 1 | 2 |
| | 3 |

1　房子、道路构成了英谈特色的街道｜夏克梁
2，3　门口石台阶｜夏克梁

| 1 | 2 | 3 |

1　有些小巷竟然没有一扇门窗，这只能算是一条过道吧｜卢立保
2　小巷深处｜刁晓峰
3　耐人寻味的石板路｜卢立保

5. 石桥

英谈虽依山修建，但也有着村寨建设中必备的水。英谈的水分数支，最大的有两条，当地人称前沟和后沟。因为有山溪和河流，自然就要有桥连通。据统计英谈村有大小桥梁30多座，最大的应该是中和堂以桥作为房子地基的那座。英谈老街前后跨越后沟两三次，有几座石桥。这些桥用石头修筑，虽然没有太多修饰，但却能看出它们坚实耐用、设计独到的一面。山里修桥，要防范山洪裹挟来的石块的撞击，因此桥洞就要宽大而坚实，英谈人自然考虑到了这一点。英谈的大小桥梁历经数百年仍完好如初，可见其砌筑石块的高明与技巧。

英谈在边走边画的成员们眼中，是一座极富人文内涵的古寨，清新自然、古朴悠远，最让团队成员赞叹的，是这座古寨能这么完美地留存下来，而且还将完美地延续下去。当然，这里不能和传统的土木建成的古村落相提并论，英谈的石头可以让它屹立千年而不朽，这也正是英谈的祖先们数百年辛苦凿石换来的。这是英谈的骄傲，是太行山的骄傲，也是我们国人的骄傲。

<table>
<tr><td>1</td></tr>
<tr><td>2</td><td rowspan="2">4</td></tr>
<tr><td>3</td></tr>
</table>

1　设有栏杆的英谈石桥｜夏克梁

2　最为常见的英谈石桥｜夏克梁

3　除了较为明显的石桥，也有很多跟建筑
　　融合在一起的涵洞｜夏克梁

4　石桥在寨中到处可见，是构成整个寨子
　　的重要元素｜夏国元

三、英谈又录
The documentary of Yingtan surroundings

说起太行山这座英雄的山系，值得讴歌的地方太多，不仅仅是一座古寨英谈。这片山中还有很多地方像英谈一样美丽，甚或比英谈更加雄奇。

1. 杨庄村

此次英谈之行，边走边画的成员们还领略了另外一处山乡的美，那就是英谈附近的杨庄。与英谈相比，杨庄更小却显古朴，但同样有着太行山的壮美。我们也用画笔记录下了杨庄，另一座石头村寨的秀美。

1	3
2	

1，2　唐靖

3　夏克梁

2015.8.15

1	2	4
		5
	3	6

1-3　刁晓峰
4-6　王恬

1	2	4		
3		5	6	
			7	

1-5　王玮璐
6-7　陈银兆

| 1 | 2 |
| | 3 |

1　夏克梁
2-3　王玮璐

1	2	
3		4

1 　林婕妤
2 　刁晓峰
3 　王玮璐
4 　王恬

2. 郭亮村

为了了解太行山，为了寻访古村落，团队主要成员曾几进太行，也是经过几次的寻访，最后才下定决心进驻英谈。在前几次的寻访过程中走过太行山河南境内的一些古村落，如郭亮村、太行屋脊的槐树洼村，这些古村落也非常古朴自然。在这本书里展现其中一小部分，与大家分享。

1-4　夏克梁

1 3
2 4

1-4　夏克梁

3. 英谈衍生品

带着对英谈浓厚的爱意，边走边画团队除了用画笔记述下眼中的英谈之外，还为英谈量身定做了"纪念品"，以衍生品的形式宣传古村落，让更多的人了解英谈、热爱英谈，呼吁更多的人参与保护古村落。我们也借由这些精美的设计，纪念2015年初秋"边走边画"团队走过的第一站——英谈。

1	4	
2		6
3	5	

1，2，3，6 茶具
4 折扇
5 杯垫

| | 2 | 3 |
| 1 | 4 | |

1 钟和茶叶罐

2 瓷盘

3 瓷瓶

4 小布袋

| 1 | 3 |
| 2 | 4 |

1，2　T恤
3　环保袋
4　土特产包装袋

4. 英谈的发展与保护

古村落的开发与保护永远是一个矛盾的话题。不去开发，古村落将很快走向消亡，而过度地去保护，则是另一种破坏。对于英谈，我们除了以上的记述和描绘，也有几点建议。

一是开发要谨慎。千万不能沿用现代的设计理念去重新包装和打造，使英谈以及周遭环境遭到人为的破坏。目前很多地方在开发古寨的时候，都有一个"模式"，那就是设计一些现代化的标志物或者停车场、游客中心等，这些场所与古寨风貌格格不入，会破坏周遭环境。实践证明，这样的做法出力不讨好。

二是不能选址重建新村，让古寨成为一座空寨。现在很多地方政府视古村古镇为摇钱树，在提升基础设施各项功能的同时，在原址周边另建新村，把古村落腾空用于商业用途。殊不知，古村古镇的魅力正是村镇的原有功能，要的恰是古风古韵，一旦将这里的人员腾空，古村古镇也就只余空壳了。

三是要修旧如旧，把开发的费用改为维护。在此次英谈之行中我们已经发现，村中很多房屋年久失修，有的甚至成为危房，维护古寨迫在眉睫，如果地方政府有意发掘英谈的旅游潜力，把这座古寨依样还原很是重要。

四是重视远景规划，杜绝个人行为对古寨整体风格的破坏。古村落保护中很难的一点是控制村民自发的拆旧建新，新的建筑材料和建筑样式的介入会让古村落风格尽失。因此，应该以村为单位，严格控制拆旧建新的个人行为，当然，还应与古寨维护的政府行为合并实施，只有这样才能让古寨完整保留，使得旅游资源得以维系，旅游经济得以发展。

五是政府尽早规划、尽早介入，广泛而深入地对内对外宣传，不可任由村民自治，影响品牌形成，甚至导致管理者与游客之间矛盾重重，最终自毁形象。目前英谈的旅游环境管理仍存在不足，这一方面的问题亟待解决。

六是兴建相应的服务设施，加强家庭旅馆的建设与管理，尤其要注重的是加强村内厕所的改造与新建，在方便游客的同时也方便村内住户。

1 | 2

1　不仅仅要保护寨内的建筑，也要重视非物质文化｜卢立保
2　古寨的开发要建立在不破坏原有风貌的基础上｜夏克梁

	1	2	4
		3	5

1　古寨的开发需修建相应的服务设施（如公厕），新建的建筑
　　要与原有的建筑相融合｜李宝峰

2　大路边上的公厕与环境融合地恰到好处｜李宝峰

3　古寨保护决不能另选址重建｜韩卫东

4　保护不能只是个人意识，要有统一规划和安排｜韩卫东

5　在原有基础上修旧如旧是对古寨最好的一种保护｜夏国元

四、边走边画小记
Notes of painting while walking

水中藏蛟龙，深山孕珠玑。地处太行山里的英谈，自然也有大山的馈赠。英谈当地盛产核桃、板栗、木耳、蜂蜜、柿子、梨等一应干鲜山货，尤其是核桃和板栗，成为这里最负盛名的特产。

英谈的核桃分为两种，一种就是普通的油核桃，个大皮薄，行销全国，而另一种则是现在流行的所谓文玩核桃，当地人称之为山核桃或者野核桃。纯粹的野核桃仁小皮厚，颜色深灰，是文玩上品；而利用现代科技嫁接过的野核桃，除了具备文玩核桃仁小皮厚的特点之外，更是个头硕大、颜色黄亮，成为文玩的极品。这种核桃价值很高，如果能挑到一对相貌奇丽的文玩品种，诸如"狮子头""官帽"等有了名号的核桃，价格动辄成千上万，十分了得。

我们在英谈的季节，正好是核桃板栗上市的时节，成员中间有喜好文玩者，他们算是找对地方，竞相购买核桃，钱没少花，但乐趣无穷。

这一次的英谈之行，团队中间的很多人都是第一次踏进太行山。这些平均年龄30多岁的设计师们第一次面对徒手建起来的石头建筑，惊讶之余，只剩赞叹。赞叹之余，更攒足了绘画的劲头。但两天下来，满寨子的石头就让大伙眼花缭乱。幸好导师及时发现，笔锋转处，英谈的石头没有了，取而代之的，是一些看似不入画的场景，其中包括垃圾堆。

画家的眼光有独到的一面，也有一致的一面。由于是自由取景，难免题材场景乃至于角度重复。在英谈的日子里，有几处建筑被画得较多，足见这些地方的匠心独运与画意十足，如贵和堂老院、中和堂旁边的奇石居、西寨门以及南寨门。特别值得一提的是南门外那棵古老柳树旁的废弃蜂厢，因为十分入画，每位成员都画过。

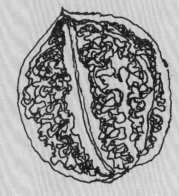

英谈地处太行山中，其地所产
山核桃品种甚多，可为文玩之物。余喜其
野生小种山核桃，其质为铁，其色浑沉。
灵辉于羊城记之。

1 | 2
| 3

1 我们也买一对玩玩 | 李宝峰
2 英谈三宝：核桃、板栗、柿饼 | 夏克梁
3 树桩和树根也是英谈的一大特产 | 李宝峰

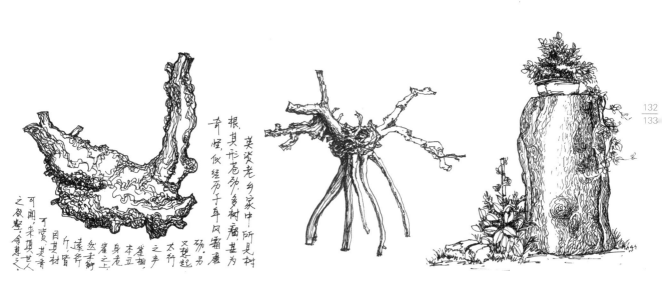

垃圾堆表现技巧

古村落写生，免不了会看到很多杂乱的景象。英谈作为历史名村，与一般的村落略有不同，政府已经对其进行保护并有序地进行开发，其中有一点便体现在垃圾的堆放上。行走在村中，不难发现全村多处设有垃圾投放点。画家往往喜欢杂乱的景象，包括垃圾堆。原因在于表现杂乱景象时不受对象的透视、结构困扰，可以随心所欲地临场发挥，只需抓住钢笔速写的基本处理手法——"线条的疏密对比"，便可使表现的画面线条洒脱、自由、奔放，并赋有视觉张力。

<table>
<tr><td>1</td><td>3</td></tr>
<tr><td>2</td><td>4</td></tr>
</table>

1　场景较大，主体建筑较小的画面 | 王玮璐
2　场景较小，主体建筑较大的画面 | 林婕妤
3　同一猪圈，每人感受不同，所表现的形式和方法也不同 | 王恬
4　无论采用哪一种表现方法，绘画的基本法则应该不变 | 黄海鹏

1	4	5
2	6	7
3	8	

1 右视废弃的蜂厢 | 王恬
2 正视废弃的蜂厢 | 唐靖
3 笤筐与废弃的蜂厢 | 陈银兆
4 采用一般视点所表现的画面 | 何湘虹
5 进深感较浅的画面 | 黄海鹏
6 采用较高视点所表现的画面 | 石伟达
7 进深感较深的画面 | 石伟达
8 左视废弃的蜂厢 | 王玮璐

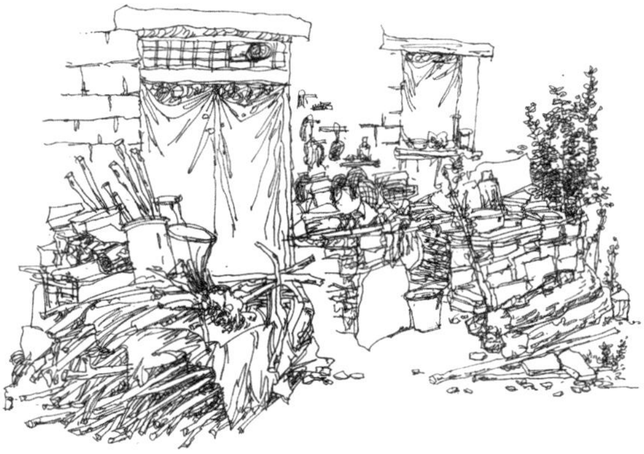

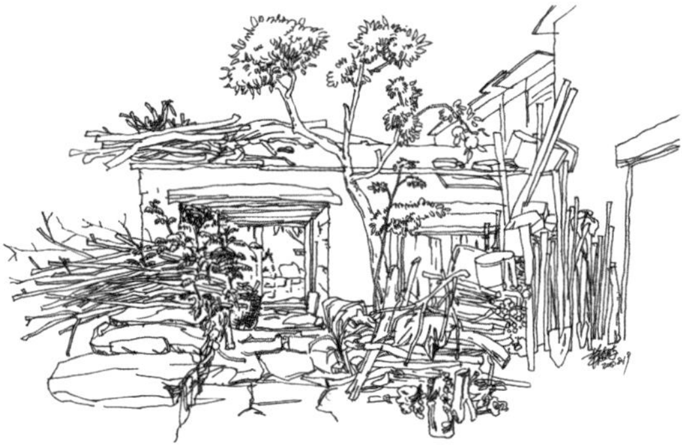

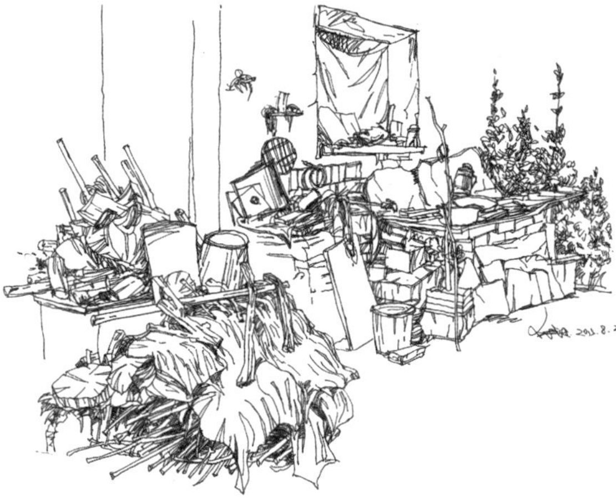

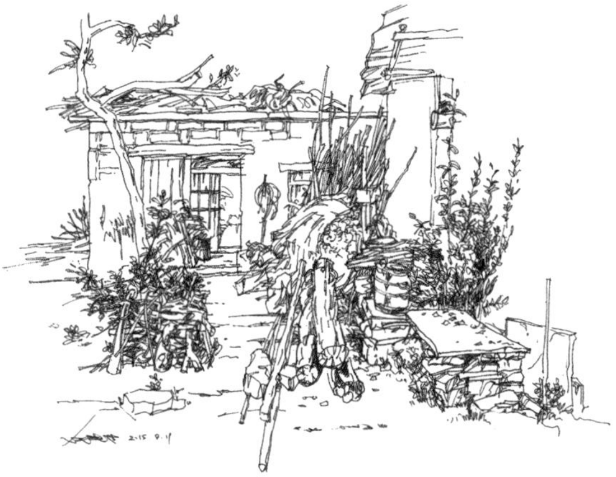

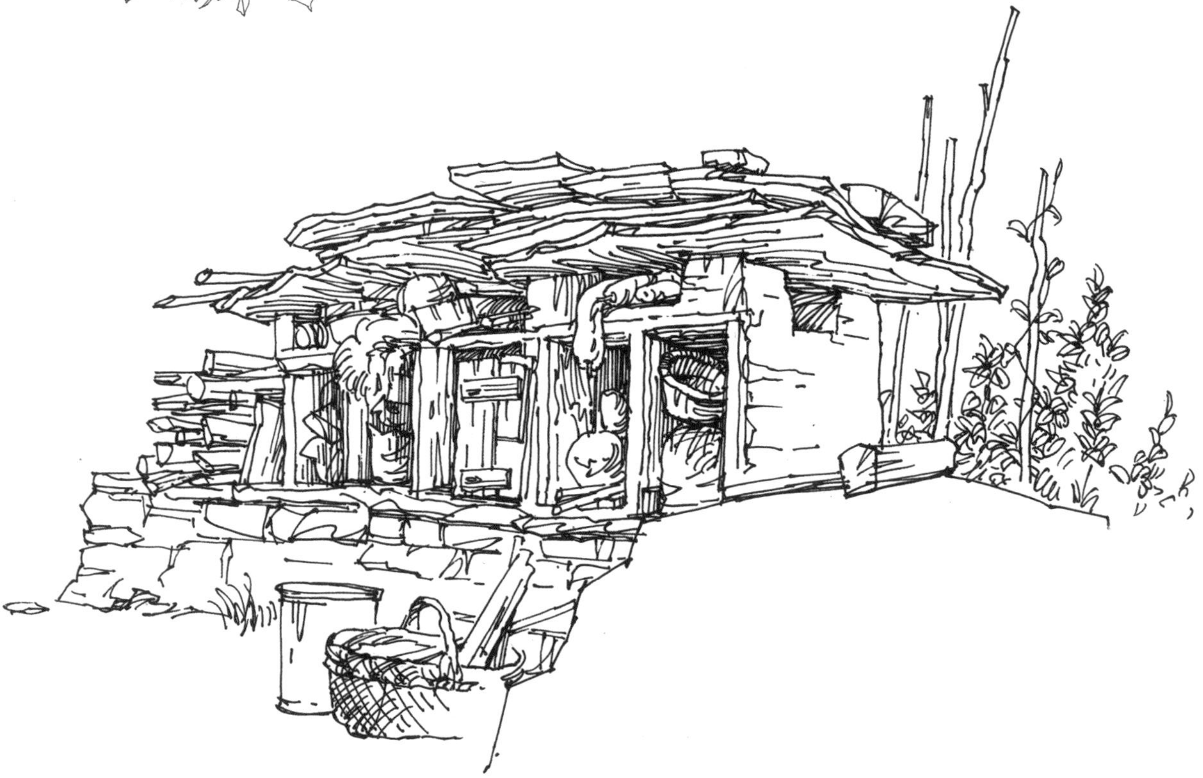

边走边画团队落脚的地方是寨子西南面的一座独立的农家院，这个院子里挂满了可爱的葫芦。我们去的时候葫芦还都很小，走的时候有的葫芦已经很大了。大家每次饭前饭后，都会对这些葫芦评头论足一番。终于在临走的前一天，导师忍不住画了一张半开大小的葫芦农家院，潇洒的笔法吸引了几位帮厨的大婶纷纷围拢过来，当起粉丝，并拿手机拍照发了朋友圈。

| 1 | | 4 |
| 2 | 3 | 5 |

1 边走边画团队在英谈落脚的"葫芦院" | 夏克梁

2 帮厨的大婶、大姐成了临时的粉丝

3 现场写生"葫芦院"

4 更换造型

5 临走前一晚的篝火晚会，成了队员们最美好的回忆

为了尽可能画遍古寨，导师一幅画换一个地方，但对于西门里一处荒废的农家院情有独钟，门楼、窗户、柴禾、筐子、鸡笼皆入画，引得大伙流连忘返。趁他画兴正浓，大家把导师捯饬了一番，用一个时尚的头巾换下了他一贯的太阳帽，结果导师风格大变，大伙高兴的同时，他更开心。

临走前一夜山中气温骤降，秋夜的英谈非常宁静。在房东的帮助下，大家找来柴禾在停车场的空地上燃起一堆篝火，围坐一起，畅谈英谈之行的感受。那天每个人都说了很多，有激动的，有伤感的，有激情满怀的，也有沉着冷静的。但中心的话题仍然是边走边画的使命，那就是，尽最大可能用手中画笔记录古村落，用实际行动保护古村落，让这些中华民居建筑的瑰宝能尽可能原汁原味地亘古保存，成为文化之根本，传承之纽带。

后记
POSTSCRIPT

边走边画第一站英谈之行已经结束半年了，但以边走边画的形式记录古村落才刚刚开始，我们都渴望把这样的活动"一面旗帜、一个团队、一个目标、一本书、一片痴心"一直进行下去。也许，面对浩如繁星的中国村落，我们的举动微乎其微，但只要我们的行动哪怕触动一颗心，在这个传播飞速的时代也将撼动一大群人，而借由这一群人积累起来的乡愁将为我们边走边画延续多少个村落？

虽然我们只是英谈的过客，我们对英谈的了解还少之又少，但我们希望通过我们，通过边走边画，让更多的人知道英谈、了解英谈，从而和我们一样，热爱英谈。